U0858522

高调

[做人密码]

活出自信的80个人生智慧

何菲鹏 编著

中国华侨出版社

图书在版编目(CIP)数据

高调做人密码 / 何菲鹏编著.—北京：中国华侨出版社，2010.8
ISBN 978-7-5113-0580-0

Ⅰ.①高… Ⅱ.①何… Ⅲ.①成功心理学-通俗读物
Ⅳ.①B848.4-49

中国版本图书馆 CIP 数据核字(2010)第 150807 号

高调做人密码：活出自信的 80 个人生智慧

编　　著 / 何菲鹏
责任编辑 / 尹　影
责任校对 / 胡首一
经　　销 / 新华书店
开　　本 / 787×1092 毫米　1/16 开　印张/15　字数/205 千字
印　　刷 / 北京建泰印刷有限公司
版　　次 / 2010 年 11 月第 1 版　2010 年 11 月第 1 次印刷
书　　号 / ISBN 978-7-5113-0580-0
定　　价 / 26.00 元

中国华侨出版社　北京市安定路 20 号院 3 号楼　邮编：100029
法律顾问：陈鹰律师事务所
编辑部：(010)64443056　　64443979
发行部：(010)64443051　　传真：(010)64439708
网址：www.oveaschin.com
E-mail：oveaschin@sina.com

前 言

“做人要低调。”这是很多人生活和工作时的口头禅，甚至被视为行为准则。这种观点是对还是错呢？笔者认为应该一分为二来分析。有句话说得颇在理：不是人人都能活得低调，可以低调的基础是随时都能高调。怎么理解？没错，这句话是有特定对象的——不需要“高调”的大成功者。这些人已经拥有了绝对“高调”的资本，他们需要的是“低调”，这种低调可以理解为是阅尽世事后的沉稳和淡定，也可以理解为是一种更和谐和更安全的处世策略。

对于这些人而言，“低调”是自然的，也是合适的处世策略。

不过遗憾的是，生活中有不少人误解了“低调”的含义，简单地认为“低调”就是妥协、沉默、不敢出头、不敢张扬……这种“低调”带来的是什么？是平庸、是怯懦、是不求上进！

在此，笔者要对年轻人说：抛弃这种让你越来越平庸的“低调”吧，在这个火热的时代，我们需要的是高调的志向、高调的信念、高调的勇气、高调的胆识、高调的激情、高调的气势、高调的度量、高调的信誉、高调的表现、高调的敬业、高调的口才、高调的心态、高调的人脉！

这种“高调”不是自以为是的轻浮，而是光明磊落的稳重；不是自命清高的轻蔑，而是胸无城府的坦然。

懂得高调的寓意，是我们一生享不完的财富，因为它会让年轻的你一次比一次优秀!

曾记得《水浒传》中的片尾曲中有一句唱得好:"该出手时就出手。"如果梁山 108 位好汉都选择低调地做人,那么何以有《水浒传》中英雄的豪气所在。笔者很欣赏林则徐那句诗:"海到尽头天作岸,山登绝顶我为峰。"这是林则徐一种高调的选择,他的高调为我们展现了一个民族英雄的本色与一个英雄内在的品格。难道这种高调不值得我们年轻人去追求吗?

在这个激烈竞争的时代,"酒香也怕巷子深"。别以为"是金子总有发光的时候",其实"一味地等待只会让结果变坏",你可以等待机遇,可是机遇却不会等待你,最终,金子也会埋没于尘土之下,再醇香的酒也会变得原味尽失,一文不值。

因此,该高调的时候就要学会高调。这是时代发展的需要,更是年轻人迈向未来人生应该有的积极姿态。

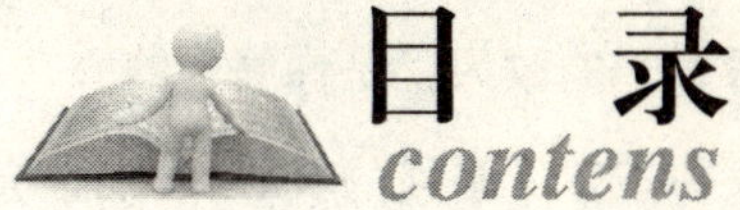

目录 contens

第一章　高调的志向：目标的高度决定人生的高度

人一生中要做的第一件最重要的事就是立志。立志就是给自己一个目标、一个方向，使精神振奋起来，激发自己不断进取向上。胸怀大志者心中充满豪情，并为实现自己的志向不懈努力，可以为了志向而忍受一切苦难。最终，他们能从芸芸众生中脱颖而出，创造出令人瞩目的成就。

第二章　高调的信念：认为自己行的人一定能找到出路

无论你将活得充实还是平淡，你将变得杰出还是平庸，这一切都取决于你心中是否有信念。当我们选择了有益于人生的信念后，可以极大地增强我们的精神动力，促使我们具有超常的承受力、忍耐力，帮助我们在人生的路途中，历经艰苦卓绝而不倒，化解风险而必胜。

第三章 高调的勇气：世界从来都给无畏的人让路

勇气决定了人格的张力和职业生涯的高度。缺乏勇气的人永远也无法体会到追寻成功者的豪情壮志，这就像在灌木丛中跳跃觅食的鸟雀，永远也无法理解“绝云气”、“负青天”、“扶摇直上九万里”的鲲鹏为什么会不畏艰险地搏击长空一样。

第四章 高调的胆识：要成大气候就要有“大胆量”

没有承担风险的胆识，永远也成不了大气候。有胆量，就是敢想、敢闯，敢于探索、试验；有见识，就是要把大无畏的精神建立在对客观事物

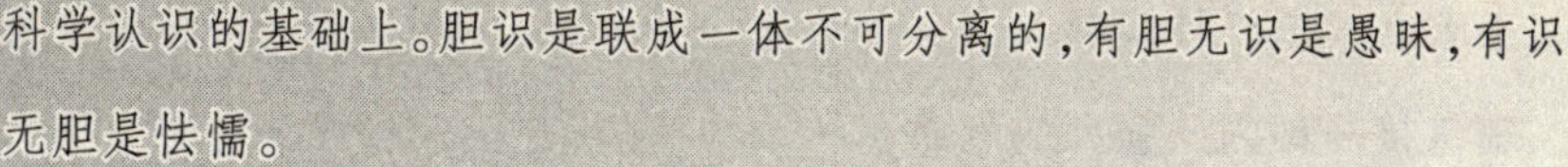
科学认识的基础上。胆识是联成一体不可分离的，有胆无识是愚昧，有识无胆是怯懦。

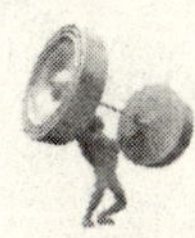

第五章　高调的激情：积极投入人生，你会发现不一样的自己

要想获得这个世界上的最大奖赏，你必须拥有将梦想转化为全部有价值的献身激情，来发展和推销自己的才能。在生活中，最大的挑战就是保持对生活的激情，永远让炽热的火焰燃烧，并且保持这种高昂的斗志，赢得这一切，就赢得了世界。

第六章　高调的气势：在竞争的场合，需要舍我其谁的霸气

那些杰出的团队领袖，从言谈举止和掌控局面的能力上，都隐隐露出一股动则雷霆万钧、静则稳如泰山的气势，即所谓的“霸气”。在任何竞争的场合中，那种舍我其谁的气势都有助于我们超常发挥自己的潜力。

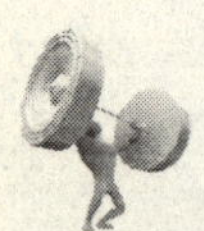

第七章 高调的度量：人生最难的是宽恕别人、包容异己

生活和工作中，谁都可能会遇到挫折和困难，也会遇到许多的误解和不快。这时候要学会宽容。世界有了宽容，才能和谐美丽。一个人有了宽大的胸怀，有了可以容纳万物的心，才能够成就一番事业，才能够快乐而幸福地生活。

第八章 高调的信誉：透支了信用就是透支了生命

一个人，如果彻底让别人对他，对他的思想、行为，一切的一切，没有一点保留地失去了信任，那么这个人，能干成什么呢？诚信，是一个人生存的根本，因为每个人都是社会的人，他的一举一动，一言一行，都离不开社会，离不开他人的关注。

第九章　高调的表现：在竞争社会要勇敢地展现自己

生活和工作中应当怎样展现自己的才华和魅力，为他人所知，为公众所认，这是实现人生自我价值和把握人生机遇的关键。对这个问题，许多人觉得表现自己就是抬举自己，是不谦虚、不自量的表现。其实这是老观念，在社会竞争日益激烈的今天，就要敢于表现自己，推销自己，真实地展示自我。一句话，表现自己不为过，你不争取更待何时？

第十章　高调的敬业：你不仅仅是为了薪水在工作

你可以把工作看成是为老板工作，为薪水工作，也可以把工作看成是为自己的生存在工作，为自己的成长工作。不一样的心态，会决定你的行动是敷衍塞责还是兢兢业业、力求达到自己的最佳水平。当然，你也会因为自己不同的工作态度，获得不同的回报。

第十一章　高调的口才：拥有一句顶一万句的语言力量

真正的口才是门艺术，它能感染人、打动人、激励人，能让人听了心里舒服，能得到别人的共鸣。所以，我们要想让自己说话像金子一样闪光，吸引人，就要做到在该说话时，能够"一语百步音，一言力万钧"，做到每一句都精妙有用。

第十二章　高调的心态：你的快乐不仅会改变自己，更会感染他人

人们常说心态决定命运，养成快乐的心理习惯，保持一份快乐的心情，不仅可以改变自己，同时更会感染他人。在顺境中不得意忘形，在困境中不惊慌失措，在相互关爱、相互支持的良好氛围中，开始自己每一天的新生活。

第十三章　高调的人脉：事业的成功有赖于你如何广结善缘

对"脉"的阐释，可见于山脉、水脉、矿脉等等。而人脉则是指人际交往的脉络。对山脉、水脉、矿脉的精心选择，可以使这些资源得到有效充分地利用，而人脉的构建和优化也具有同样的意义。所以，请好好珍惜已经建立起来的人脉关系，因为这几年你认识的朋友可能会是你将来最宝贵的财富。

第一章

【高调的志向】

目标的高度决定人生的高度

人一生中要做的第一件最重要的事就是立志。立志就是给自己一个目标、一个方向，使精神振奋起来，激发自己不断进取向上。胸怀大志者心中充满豪情，并为实现自己的志向不懈努力，可以为了志向而忍受一切苦难。最终，他们能从芸芸众生中脱颖而出，创造出令人瞩目的成就。

雄心壮志是所有奇迹的萌发点

"野心"可以理解为雄心、志向等。野心是人类行为的推动力,人类通过野心可以攫取更多的资源。对于一个人来说,野心是永恒的特效药,是所有奇迹的萌发点。

在生活中,如果你形容一个人有雄心,那就表示他很有抱负,他会很高兴。如果你形容一个人有"野心",那就表示这个人占有欲很强,好像要抢走别人的东西似的,他会很不高兴。自古以来,"野心"在多数情况下是个贬义词。不过,现在有心理专家研究表明,"野心"是成功的关键因素。

世界各地几乎所有的富人都承认:没有野心就没有今天的财富。人没有野心终不能成大事。"野心"本身并没有错或对,错或对的标准只在于你所追求的目标是什么,只要你所追求的东西是正当的,那拥有一颗强烈的"野心"对自己就是一件好事。美国加利福尼亚大学的心理学家迪安·斯曼特研究发现,"野心"是人类行为的推动力,人类通过拥有"野心",可以有力量攫取更多的资源。

德国的一家电视台,有一档智力游戏节目,栏目的名称叫《谁是未来的百万富翁》。因为奖金丰厚,悬念迭出,吸引了许多德国观众。但这档节目有一个特点,就是每答对一道题目,就可以获得相应的奖励,而如果继续答题时没有回答出,那么就得退出比赛,并且剥夺已经取得的奖励。

前十几期没有一位参与者能够获得百万的奖励,能够在节目中有所收获的只是一些见好就收的人。

自节目开播几年来,虽然参赛者强手如林,可真正一路过关斩将到最后的人,从来没有出现过。因此,几乎所有的参与者都学乖了,最多到10万左右，便放弃答题，退出比赛。直到有位叫克拉马的青年人出现，才第一次产生了百万巨奖。

令人奇怪的是，克拉马取得百万巨款并不是因为他知识渊博，据当地媒体评论说，成就克拉马的不是他的学问，而是他的心理素质和野心。因为在50万之后，每一道题都相当简单，只需略加思考，便能轻松地答出。

那么多人与巨奖失之交臂，都是因为自己“见好就收”，没有成为百万富翁的野心。你也许出身贫寒，境遇不佳，连连受挫；你也许才疏学浅，地位卑微，很少得到别人的关注；你也许出身名门，有才有能，备受瞩目……当然，你没有能力去决定自己的出身，也没有办法挽回逝去的时光，但你有权力选择自己的未来。只要你有野心，不甘于平庸，想做一名伟大的创业者，你的命运就有改变的可能。

某些人之所以贫穷，大多数是因为他们缺乏野心。他们所追求的只是一种平常、闲适的生活，有的甚至只要温饱就行，这就恰恰使他们一辈子成为不了富人。因为他们的目标就是安于现状，当他们拥有了最基本的物质生活保障时，就会停滞，不思进取，得过且过，没有野心，从而使自己贫穷。

是的，穷人、平庸的人就是缺少一些欲望、一些野心，缺少的就是敢想、敢做的精神。一个没有野心的人，他也许是一个甘于淡泊的好人；一个没有野心的人，他也许是一个踏实诚恳的人。但是，没有欲望，何来动力？没有野心，何来成功？

在法律和道德的底线内，有野心应该是一件好事情。有了野心，才能有一个好的心态和好的习惯去奋发图强、孜孜不倦地做事情，才可以逼着人调动一切聪明才智去解决问题，而不会因为偶尔的挫折去怀疑自己的能力。强大的野心，可以充分挖掘一个人的潜力和天赋，增进成就事业的积极性。

在高中的时候，乔丹的教练告诉他说：“迈克尔·乔丹，你身高不够高，没有超过180公分。所以即使你球打得再好，以后也不可能进入NBA，我们决定不要你这个球员。"迈克尔·乔丹就跟教练求情说："教练，我可以不上场打球，可是我愿意帮所有的球员拎行李。当他们下场的时候，我愿意帮他们擦汗。请你让我留在这个球队，跟这些球员一起练球，这是我要成功的野心。"教练发现迈克尔·乔丹的野心的确超过任何人，所以他接受了乔丹的请求。

从那以后，乔丹早上练球，中午练球，下午跟着球员一起练球，晚上还要练球，他比任何人都要努力。最终，他果然如愿以偿地进入北卡罗来纳州大学。后来乔丹的父亲讲，他们全家人的身高没有一个人超过180公分。因为乔丹想要成功的企图心，让他长到198公分，长高了20公分。

人是需要有野心的，野心是我们向前冲的原动力。

生活中，很多人在陌生的城市中打拼了几年，或者在学校里学习了多年，发现自己没有了激情和目标。生活中除了无聊和郁闷，似乎没有别的色彩了。每天的生活就是闲聊、发呆、看无聊的电视或沉迷于网络，对自己不懂的东西已经没有任何好奇心了，甚至连10分钟都静不下心来读一本书。如果这个人就是你，那你该醒醒了，该找回自己的"野心"了！请好好珍惜，塑造自己的"野心"吧！别等到你的这些激情和梦想丧失殆尽的时候再枉自叹息，别等到风烛残年的时候再慨叹往日不堪回首！

因为我有企图，所以我成功，没错，拥有强烈野心的人最终能够在竞争中脱颖而出，尽显英雄本色。如果你现在没有成功、没有地位、没有财富都无关紧要，只要你有野心，有把野心贯彻到底的智慧、毅力和勤奋，那么你站在金字塔塔顶的时候就指日可待。

不是第一就要努力成为第一

不是第一就要努力成为第一，而即使你已经是第一，也永远可以做得更好。力争第一，如同成功道路上的一盏明灯，让人们永远向着光明的前方奋进。

为什么在现实中有些人受人敬重，有些人被人看不起？有很多人在从事一项工作时，得过且过，甘愿做一个掉队的“末等公民”，而不能根据自己的强项，去争做“一等公民”，这就注定了这类人无法成大事。

近几年来，多次登上福布斯中国富豪榜的南存辉在事业上很专一，从事低压电器制造几十年已经做到了亚洲第一，但他还是跟记者说：“我还没有做到最好，只有把这块市场做到最好了，我才会考虑做其他的。”

安踏有限公司总裁丁志忠立志要做世界鞋王，作为国内第一个用体育明星做广告的运动鞋企业，丁志忠被称为“第一个吃螃蟹”的人，随后几年，安踏始终保持着领先地位。丁志忠说，安踏不会做中国的耐克，而是要做中国的安踏、世界的安踏。

确实，“力争第一”是一种积极的人生态度，这种态度能使人激发一往无前的勇气和争创一流的精神，从而获得成功。力争第一，更是一种追求、一种信念、一种无畏、一种越过沙漠荒原后，看到生命绿洲的快乐。因为挑战，任何一条路都有可能走得顺畅；因为挑战，你的潜能会被无限地激发，你会惊喜地发现自己是如此优秀。

30年前他名不见经传，如今却是叱咤风云、纵横四海的台湾科技首富，他就是台湾最大的科技企业集团——鸿海集团的CEO郭台铭。他霸气、独裁，被称为“科技枭雄”。康柏电脑、戴尔电脑、Intel主板，都是鸿海集团的代工产品，鸿海是如何凭借为这些厂商代工而造就经典传奇的呢？这得从作风犹如德国铁血宰相俾斯麦的郭台铭说起。

“在成长快速的企业里，领袖应该带着霸气……”自初创鸿海，郭台铭的奋斗目标就很明确，就是要成为台湾第一、亚洲第一、世界第一。为实现这一宏大目标，他创造了自己的经营哲学。

对于鸿海的成长过程，郭台铭曾经说过："阿里山的神木（台湾最著名的风景）之所以大，4000 年前种子掉到土里时就已决定了，绝不是 4000 年后才知道的。"

力争第一，这不仅仅是一句口号，更是成功者脱颖而出的诀窍。要知道，一个人一旦满足于自己目前获得的成就，便失去了继续前进的动力，不再追求更高的目标。而在这个竞争日趋激烈的社会，一旦你停止前进，便会被别人所赶超。不前进便意味着后退，就可能会被无情地淘汰。

在当今竞争日趋激烈的社会，或许并非每个人都能成为第一，但是每个人都可以拥有成为第一的梦想。力争第一，是一种积极向上的心态，它为所有人创造了一种前进的动力。在很多时候，成功的主要障碍，不是能力的大小，而是我们的心态。要敢于"硬干"，不断挑战自己的极限，这样，才能够充分发挥自我的潜力。

比尔·盖茨的格言是："我应为王。"即使是屈居第二，对他来说也是不可以忍受的。他曾经对他童年时要好的朋友说："与其做一株绿洲中的小草，还不如做一棵秃丘中的橡树，因为小草任人践踏，而橡树昂首天穹。"

比尔·盖茨在小的时候，就有一种执著的性格和想成为人杰的强烈欲望。他的同学曾回忆说："任何事情，不管是演奏乐器还是写文章，除非不做，否则他都会倾其全力花上所有的时间来完成。"

他的进取精神在整个年级是赫赫有名的，几乎没有一个同学能比得过他。比尔·盖茨读四年级时，老师布置了一项作业，要学生写一篇四五页长的关于人体特殊作用的文章，结果，比尔·盖茨一口气写了 30 多页。又有一次，老师叫全班同学写一篇不超过 20 页的短故事，而比尔·盖茨却写了 100 多页。

他的同学回忆说："比尔·盖茨不管做什么事情都要做到登峰造极，不到极致绝不甘心。"

说到学习，早在比尔·盖茨中学时代，他的数学就是全校学得最好的。即使在哈佛这样天才荟萃的学府，比尔·盖茨的数学才能仍然很突出。按比尔·盖茨的天分，向数学方面发展，无疑可以成为一名优秀的数学家。但他发现还有几个同学在数学方面比他更胜一筹，于是，他放弃专攻数学的打算。因为他有一个信条：在一切事情上，不屈居第二。

比尔·盖茨之所以能成为软件霸主，聪明并不是第一位的，他不愿屈居第二的心气才是他他真正成功的动力。

人杰者永远有超出众人之外的、敢于力争第一的心态。在成功之前，他们懂得必须以高于普通人的眼光来看待自己，否则自己永远都是一个弱者。在他们身上所体现出来的这种"力争第一"的精神，是一个人不断进取的标志，它不允许人懈怠，它召唤每个人向更高层次的方向去努力、去进取。它告诉人们，如果你认为自己只具有鞋匠的天赋，你也应该争取做世界上首屈一指的制鞋大王。

不想做得更好，就会做得更差。如果你是一个渴望得到重用的人，如果你希望让你的老板觉得你是不可取代的员工，就一定要从内心决定做第一。这样在你的意识中你会有信心做到完美，你的个性也才会真正成熟起来。那些自甘沉沦、不追求卓越、懒得提高自己能力的人是不会有所进步的。而如果你的工作水平没有提高和进步，你就绝不会得到任何升职和奖励的机会。

不是第一就要努力成为第一，而即使你已经是第一，也永远可以做得更好。要知道，山外有山，天外有天。在21世纪，竞争没有疆界，你应该开放思维，站在一个更高的起点，给自己设定一个更具挑战性的标准，才会有准确的努力方向和广阔的前景。"力争第一"如同成功道路上的一盏明灯，让人们永远向着光明的前方奋进。

目标太小会使自己失去动力

许多人之所以不能取得大的成功，是因为他们的目标太小，使自己失去动力。因此，只有拥有一个远大的目标，才能够高瞻远瞩，取得大的成功。

研究表明，芸芸众生中，真正的天才与白痴都是极少数的，绝大多数人的智力都相差不多。然而，在走过漫长的人生之路后，有的人功盖天下，有的人却碌碌无为。本是智力相近的一群人，为何他们的成就却有天壤之别呢？答案就在于人们目标大小的不同。

不想当元帅的士兵，不仅永远当不上元帅，更无法成为一个好士兵。没有大目标的人就如井底之蛙一般没有远见，只会待在自己的一井之底。许多人之所以达不到自己孜孜以求的目标，是因为他们的视野太小，而且目标模糊不清，使自己失去动力。

著名作家高尔基告诉人们："目标愈远大，人的进步愈大。"大目标会告诉人们能够得到什么东西。大目标会召唤人们采取积极的行动。当我们心中有了一幅大目标的宏图时，我们就能从一个成功走向另一个成功，得到一个又一个的快乐。

作为一个在奥地利长大的年轻人，施瓦辛格下定决心确立目标，要成为有史以来最伟大的健美运动员。许多人都认为他疯了，认为他最终会放弃这个目标，因为这需要大量的时间和献身精神。他们认为他一定会放弃这个目标，忘却这个愚蠢的念头，去找一份"现实"的工作。于是施瓦辛格又给自己的梦想增加了另一项内容：他不但要成为世界上最伟大的健美运动员，而且还要成为一位电影明星和国际健美界的领袖！

朋友们都说："这个想法太疯狂了！"但施瓦辛格把自己的梦想写在一张

卡片上，并且把它放在钱包里，随身携带。他跟自己订了一个合同，他一定要实现这些目标。他说正是这份合同促使他、逼着他来到美国，开始向着成为奥林匹亚先生的目标而攀登。他坚持不懈，终于成为好莱坞片酬最高的男演员之一，并且成为健美协会的主席。

胸怀大目标者，既不会为眼前小小的成功所陶醉，也不会被暂时的挫折所吓倒。当你的工作只是为了自己短期的利益时，你的动力不是最强烈的，一旦遇到挫折就会放弃。当你的工作是为了长期的利益而着想时，你的动力是强烈的，一旦遇到挫折，你会为了这种使命感而坚持到底并全力以赴。

埃德蒙斯认为："伟大的目标构成伟大的心。"一个人之所以伟大，是因为他树立了一个伟大的目标。伟大的目标可以产生伟大的动力，伟大的动力推动伟大的行动，伟大的行动必然会成就伟大的事业。有句话是这样讲的：如果你把箭对准月亮，那么你可以射中老鹰；但如果你把箭对准老鹰，你就只能射中兔子了。小目标，小成功；大目标，大成功。这个成功规律永远不会改变。洛克菲勒说："你要永远记得，构建伟大的梦想不一定比构建渺小的梦想花费你更多的时间和精力，而它却会带给你更多的回报。"因此，只有拥有一个远大的目标，才能够高瞻远瞩，取得大的成功。

1940 年 11 月 27 日，一个名叫布鲁斯·李的小男孩出生在美国三藩市。在 13 岁时他跟随名师叶问系统地学习了咏春拳，为后来自创截拳道打下了坚实的基础。

由于害怕孩子学坏，在他 18 岁那年，布鲁斯·李的父母决定送他到美国学习。在西雅图进入大学就读以后，他除了学习外，把精力都放在研习武术上。经过精益求精的潜修苦练，使功夫逐渐娴熟乃至达到更高的境界。布鲁斯·李是个多面手，除了精通各种拳术外，还擅长长棍、短棍和双节棍等各种器械，并研习气功和硬功。

一天，他与一位朋友谈到梦想时，随手在一张便笺上写下了自己的人生目标——“我，布鲁斯·李，将会成为全美国最高薪酬的超级巨星。作为回报，我将奉献出最激动人心、最具震撼力的演出。从1970年开始，我将会赢得世界性声誉，到1980年，我将会拥有1000万美元的财富，那时候，我与家人将会过上愉快、和谐、幸福的生活。”

当时的布鲁斯·李生活正穷困潦倒，然而，他却把这些话深深地铭刻在心底。为实现梦想，他克服了无数的常人难以想象的困难。1971年，命运女神终于向他露出了微笑，他主演的电影《唐山大兄》、《精武门》、《猛龙过江》，均刷新香港票房纪录。1972年，他主演了香港嘉禾公司与美国华纳公司合作的《龙争虎斗》，这部电影使他成为一名国际巨星——被誉为“功夫之王”。

他就是李小龙——一个迄今为止在世界上享誉最高的华人明星。他主演的功夫片风行海外，使中国功夫也随之闻名于世界。在不少外国人心目中的功夫就是中国武术，李小龙也成了功夫的化身。他曾说：“我绝不会说我是天下第一，可是我也绝不会承认我是第二。”

很多时候，我们真正需要唤醒的是我们自己本身，我们每个人都应当尽可能地挖掘自身的潜能，激发自己的雄心壮志。任何人都应该有这样一种抱负，那就是在有限的生命中做一些独特的、带有强烈个人印记的事情，从而使自己免于平庸和粗俗。使自己的生活更精彩，使自己的生命更灿烂。真正的抱负就是植根于现实土壤的切实目标，就是在能力所及的范围之内追求卓越。

成功者之所以有强大的动力和不断的努力，在于他们内心深处都有一种使命感。当你达成了人生所追求的目标之时，你的视野就会变得越来越开阔，开阔的视野不仅会给你带来更多的机遇、更多的财富，同时还使你更具创造性，让你一步步走向成功的明天。

这个世界不是掌握在嘲笑者的手中

人生必须渡过逆流才能走向更高的层次，最重要的是永远看得起自己。起点低绝对不是没志气。只要认准目标，踏踏实实地干，你就能成功。

在我们还没有成功以前，常常会遭遇歧视、侮辱和不公对待，使我们既伤心又愤怒。但是，伤心也好，愤怒也好，都不解决任何问题。唯一正确的做法是自强自立。俗话说“生气不如争气”，这是一个简单朴素的道理。其实，无论遇到什么问题和困难，伤心、愤怒、焦躁、恐惧等都有害而无益，唯一正确和有效的做法是冷静理性地思考如何解决问题。

抱怨的结果只能是使人精神更颓废，如果一个人把眼光拘泥于悲伤的痛感之上，他就只能使自己更加痛苦，因此，在遭遇困难的时候，不可专注于灾难的深重，而应当努力去寻找希望，努力去寻求可改变现实的积极之路。大哲学家尼采说过：“受苦的人，没有悲观的权力。”因为受苦的人必须要突破困境，才能不再受苦，而悲伤和哭泣只能加重伤痛，所以他们不但不能悲观，反而要比别人更积极。

当今美国 NBA 超级球星奥尼尔，当他还是一个高中生时，他的崇拜偶像是马刺队的中锋大卫·罗宾逊。在一次球赛后，苦苦等了几个小时的奥尼尔，看到偶像出来就兴冲冲走上前去，请罗宾逊签名。可是罗宾逊连正眼都没看他，扬长而去。奥尼尔气得把签字本摔在地上，大吼一声：“你有什么了不起，我将来一定超过你！”5 年后，NBA 球场上出现了一个超级中锋，他就是“大鲨鱼”奥尼尔，在球场上见谁灭谁，所向无敌，尤其见了罗宾逊，更是发狠，每次都把罗宾逊打得丢盔卸甲。

爱默生曾经说过，当我们真正感到困惑、受伤、甚至痛苦时，我们会从柔弱中产生力量,唤起不可预知无比威力的愤慨之情。人立命于世,首先要自尊自重,遭到歧视时绝不低头,在强大的势力面前不卑不亢,这样就会赢得别人的敬重。

乡下与城里、下属与上司、穷人与富人不可能对等,对于趾高气扬的人,你再怎么尊敬他,他也不会平等对待你。不管出身低微,还是处境艰难,都不要寄希望于他人的礼遇,唯有保持应有的人格力量,直面人生,当说时就说,当做时就做,别畏首畏尾,就不会轻易让人看不起,反而会赢得他人的尊重。

一个人不应该埋怨这个世界太势利,他应该埋怨自己没志气。"势利"通常会让人不快,但也不是完全没有积极意义。它就像一条鞭子,驱赶人们努力创造,提升自己。年轻人尤其渴望别人的尊重,但要想让别人尊重你,不妨先想一下,别人凭什么要尊重你?你又是否给别人足够的尊重了呢?

美国汽车大王亨利·福特年轻时,曾在一家修车厂做修车工人,有一次刚领了薪水,兴致勃勃地到一家他一直十分向往的高级餐厅吃饭。可亨利·福特在餐厅里呆坐了差不多15分钟,居然没有一个服务生过来招呼他。最后,餐厅中的一个服务生勉强走到桌边,问他是不是要点菜。

亨利·福特连忙点头说是,只见服务生不耐烦地将菜单粗鲁地丢到他的桌上。亨利·福特刚打开菜单,看了几行,服务生即用轻蔑的语气说道:"菜单不用看得太详细,你只适合看右边的部分(意指价格),左边的部分(意指菜色),你就不必费神去看了!"

亨利·福特非常生气,他真想痛斥对方一顿,但他很快冷静下来,心想:别人轻视我,并非毫无道理。我希望得到别人的尊重,除非我真的值得别人尊重。这时他想起母亲反复告诫他的一句话:"你必须去面对生活给予的不愉快的事情。你可以怜悯别人,但你一定不能怜悯自己。"于是,他合上菜单,平静地说:"请给我来一份汉堡。"

服务生离去之后,亨利·福特并没有因为花钱受气而继续恼恨不休。他反倒冷静下来，仔细思考，为什么自己总是只能点自己吃得起的食物，而不能点自己真正想吃的大餐。从那之后，亨利·福特给自己立下志向，不管怎样，以后一定要成为社会中顶尖的人物。从这以后，亨利·福特一直朝着自己的梦想前进，最终由一个平凡的修车工人，逐步成为美国叱咤风云的汽车大王。

人穷志短，许多人都有这样的感觉。他们认为：穷是原因，志短才是结果，也是可以被原谅的。这是完全错误的想法，志短必定使你继续穷下去，难道穷人们不愿为自己争一口气吗？难道穷人们就甘于贫穷，不想成为让人羡慕的富人吗？只有在苦难中立志的霸气者才能摆脱穷困，走上富裕之路。人虽然穷，但志却不能短。越是贫穷，越应该立志，使自己摆脱贫穷，为自己争一口气。

只要肯用心，任何卑微的人都能从最平凡的工作中做出最不平凡的成绩，就可以成长为富有的人、成功的人、你羡慕和希望成为的人！面对屈辱，我们要努力把它变成好事。要懂得痛定思痛、苦中吃苦。成功与目前的境况无关。过去决定了现在，而不能决定未来，只有现在的行为及选择才能决定我们的未来。这个世界并不是掌握在那些嘲笑者的手中，而恰恰掌握在能够经受得住嘲笑与批评仍不断往前走的人手中。不管你出身贵贱、学问高低、相貌美丑，只要你心中藏着一股气，一股不会泄的志气，你就能成功，成为一颗耀眼的明星。

人生所能达到的高度始于进取心

进取心能驱使一个人主动地去做应该做的事。人生所能达到的高度始于进取心。有了进取心，我们才可以充分挖掘自己的潜能，实现人生的价值。

拿破仑·希尔告诉我们，进取心是一种极为难得的美德，它能驱使一个人在不被吩咐应该去做什么事之前，就主动地去做应该做的事。个人进取心是一种激励我们前进的、最有趣而又最神秘的力量，它存在于我们每个人的生命中，就像我们有自我保护的本能一样。正是进取心这种永不停息的自我推动力，激励着人们向自己的目标前进。这种内在的推动力从不允许我们“休息”，它总是激励着我们为了更好的明天而奋斗。

美国迪斯尼乐园的创始人沃尔特·迪斯尼说：做人如果不继续成长，就会开始走向死亡。人只有在不断的进取中才会保持思维敏捷，行动矫健，智慧不老，心灵不僵。人生如逆水行船，不进则退。这是铁的规律，任何人都不能例外。我们又岂敢懈怠生活。人生只是短暂的一瞬，生命的弓弦应该是紧绷不松的。生命不息，奋斗不止，应该是每个人生存的原则，要捕捉机遇，就要积极进取，时刻准备着。

齐瓦勃出生在美国乡村，只受过很短的学校教育。15岁那年，家中一贫如洗的他就到一个山村做马夫。然而，雄心勃勃的齐瓦勃无时无刻不在寻找着成功的机会。18岁时，齐瓦勃来到了钢铁大王卡内基属下的一个建筑工地打工。

一踏进建筑工地，齐瓦勃就下定了决心，要做同事中最优秀的人。当其他工人在抱怨工作辛苦、薪水太低而怠工时，齐瓦勃却在默默地积累着工作经验，并自学建筑知识。一天晚上，同伴们都在闲聊，唯独齐瓦勃躲在角落里看书。那天恰巧公司经理到工地检查工作，经理看了看齐瓦勃手中的书，又翻开了他的笔记本，什么也没说就走了。第二天，公司经理把齐瓦勃叫到办公室，问道：“你学那些东西干什么？”齐瓦勃说：“我想我们公司并不缺少打工者，缺少的是既有工作经验、又有专业知识的技术人员或管理者，对吗？”经理点了点头。不久，齐瓦勃就被升任为技师。

在打工者中，有些人讽刺挖苦齐瓦勃，他回答说：“我不光是在为老板打工，更不是单纯为了赚钱，我是在为自己的梦想打工，为自己的远大前途打工。

我们只能在业绩中提升自己。我要使自己在工作中所产生的价值，远远超过所得的薪水，只有这样我才能受到重用，才能获得机遇！”抱着这样的信念，齐瓦勃一步步升到了总工程师的职位上。25 岁那年，齐瓦勃又做了这家建筑公司的总经理。

当时身为总经理的齐瓦勃，每天都是最早来到建筑工地。琼斯是卡内基钢铁公司的工程师兼合伙人，一天，他在建筑公司最大的布拉德钢铁厂检查业务时，发现了齐瓦勃超人的工作热情和管理才能。琼斯问齐瓦勃为什么总来这么早，他回答说:“只有这样，当有什么急事的时候，才不至于被耽搁。”工厂建好后，琼斯推荐齐瓦勃做了自己的副手，主管全厂事务。两年后，琼斯在一次事故中丧生，齐瓦勃便接任了厂长一职。几年后，齐瓦勃又被卡内基任命为钢铁公司的董事长。

齐瓦勃将勤奋和努力融入每天的生活中，融入每天的工作中。日积月累，终于创造出伟大的奇迹。10 年后，他终于建立了自己的大型伯利恒钢铁公司，并创下了非凡的业绩，真正完成了从一个打工者到创业者的飞跃。

进取心塑造了一个人的灵魂。我们每个人所能达到的人生高度，无不始于一种内心的状态。当我们渴望有所成就的时候才会冲破限制我们的种种束缚。假如一头牛不想喝水，你无法按下它的头。而一个不想进步的人，即使拿鞭子抽他，他也不可能有出色的表现。进取心是人类聪明的源泉，它如同从一个人的灵魂里高竖在这个世界上的天线，通过它可以不断地接收和了解来自各方面的信息。它是功力最强大的引擎，是决定我们成就的标杆，是生命的活力之源。

出色的工作表现人人都可以做到，只有不满足于平庸，才能追求最好，你才能成为不可或缺的人物。没有人可以做到完美无缺，但是，当你不断增强自己的力量、不断提升自己的时候，你对自己要求的标准会越来越高，这本身就是一种收获。齐白石到 93 岁时才画了 600 幅画，歌德到 80 岁的时候才写出世界名著，的确，进取是没有止境的，我们永远不要满足于已经得到的，而需要不断地开拓新的领域。

世界球王贝利在20多年的足球生涯里，参加过1364场比赛，共踢进1282个球，并创造了一个队员在一场比赛中射进8个球的纪录。他超凡的技艺不仅令万千观众心醉，而且常使球场上的对手拍手称绝。他不仅球艺高超，而且谈吐不凡。当他个人进球纪录满1000个时，有人问他："您哪个球踢得最好?"贝利笑了，意味深长地说："下一个。"他的回答含蓄幽默、耐人寻味，像他的球艺一样精彩。

我们在成功的道路上要有永不满足的心态，一个阶段的成功要更好地推动下一个阶段的成功。每当实现了一个近期目标，绝不要自满，而应该挑战新的目标，争取新的成功。要把原来的成功当成是新的成功的起点，要有一种归零的心态，这样才会永远有新的目标，才能不断攀登新的高峰，才能享受到成功者无穷无尽的乐趣。

没有进取，社会就无法前进。生命在进取中生息不止，事业在进取中蒸蒸日上，人类在进取中超越自我。不甘于优秀，超越卓越者，我们可以把事情做到最好。"生命不息，奋斗不止"，不应只是高调者的做事原则，也应该为众多普通人所共识。

英雄不问出处，是金子总会发光

人的平庸，多数不是因为自身能力不够，而是因为在平淡机械的生活中埋没了自己。不甘平庸者会主动出击，起而奋斗，勇敢地为实现自我价值而竞争。

生活中，有多少人是在浑浑噩噩地过日子呢？有多少人是在安逸的生活中懈怠呢?有多少人认为自己没有什么本事就安于现状、不思进取呢?有些时候,我们需要一种危机来激发我们自身的潜能,唤醒我们内心深处被掩藏已久的人生激情,来实现人生的最大价值。

英国新闻界的风云人物、伦敦《泰晤士报》的老板来斯乐辅爵士,在刚进入该报时,就不满足于90英镑周薪的待遇。经过不懈的努力,当《每日邮报》已为他所拥有的时候,他又把取得《泰晤士报》作为自己的努力方向,最后他终于猎取到他的目标。

来斯乐辅爵士一直看不起生平无大志的人,他曾对一个服务刚满3个月的助理编辑说:"你满意你现在的职位吗?你满足于你现在每周50镑的周薪吗?"当那位职员答复已觉得满意的时候,他马上把他开除,并很失望地说:"你应了解,我不希望我的手下对每周50镑的薪金就感到满足,并为此放弃自己的追求。"

相信每个人在小时候都会有过壮志豪情,虽然有时候这种壮志在现实的磨炼中变得务实起来,但我们仍没有失去我们最初的梦想,那就是过得更好。没有人甘于平庸,之所以平庸是因为生活中有太多刺,被扎得遍体鳞伤以后就再也不想碰太多东西。当生活变得真切起来,就会让人一遍遍地反问,甚至有些声嘶力竭,我难道真的会像一些人一样,满头灰尘、生活艰辛地生存在社会的底层吗?不管你来自哪里,无论是繁华都市,还是穷乡僻壤,这些都不再重要。一个人重要的不是你从哪里来,而是你将到哪里去,而你现在的努力决定着你将到哪里落脚,现在决定未来。

如果你是一个平庸的人,过着淡若清水的生活,那么,你永远不会有卓越的成就。平庸的工作人人都能干,但那是出不了成就的。有目标、有志气、有梦想的霸气者勇于唱主角,敢于挑起重担,绝对不会甘于过平庸的生活。他们选择奋斗,勇敢地为实现自我价值而竞争。虽然这样做要比别人辛苦得多,但成就也会比别人大,最终在很多人当中脱颖而出,大放异彩也就是很自然的事了。

方文山曾数十次登上两岸三地音乐大奖赛的领奖台，成为华文词坛的代表性人物。他正式推出了不到200首歌，但许多都灵光四射、直抵人心。

1969年，方文山出生于台北一个偏僻小镇的蓝领家庭。学生时代，因为成绩不佳，他一直默默无闻。但写作水平很高，往往老师一出完题目，他三两下就交稿了。服完兵役，他慢慢开窍，意识到写作才是他的“宿命”。从此，他开始大量读书，勤勉笔耕，简直到了如痴如醉的地步。

那时他还籍籍无名，只有私立职高学历的他，做过纺织厂机械维修工、百货物流送货司机，去台北前最后一份工作则是安装防盗系统的工人，每天头顶安全帽，手拎电钻，在尘土瓦砾中汗流浃背地工作。

他对作词的痴爱也愈发欲罢不能，因为这给了他快乐和自信。工作时，他常带上本子和笔，想到一个佳句就赶紧记下来。工作之余，他试着改写当时最走红的歌词，一个字一个字去推敲；为写一首不熟悉意境的词，他会耐心地翻阅无数资料，甚至还跑去上两期编剧班，学场面调度、蒙太奇剪接等，这些技术让他后来写的词更具画面感，像在铺陈一部电影……就这样边工作边学习创作，半年里他竟积累了200多首歌词。他精心挑选出100多首装订成册，并以“初生牛犊不怕虎”的精神投寄了100份给台湾各大唱片公司。

他当时估计，只有12.5份会被制作人看到，结果被联络的几率只有1%。其实，从后来的结果看，这1%已经弥足珍贵，代表了他的100%！

方文山曾在一本励志小书《演好你自己的偶像剧》中写道：如果励志是一项商品，还有什么人比我更有资格、更适合代言的！不要把青春消耗在电视机面前观看别人的人生，与其抱怨自己的人生平淡，何不换个角度，把镜头对准自己，好好把握自己的人生！

平凡不等于平庸，伟大常常出自平凡。只要我们的信心多一分，成功就会离我们近一步，不要老是给自己泄气，其实那些成功的人都是充满自信的人。

按照皮鲁克斯的观点:“相信自己不平凡,才能最终达到不平凡之境。”要相信自己是一个有用之才,能够凭借自己的能力打出一片成功的天地。不要再只是选择被动地等待,而是应该主动去了解自己要做什么,并且规划它们,然后全力以赴地去完成。

英雄不问出处,是金子总会闪光。不管你来自社会的哪个阶层,也不管你现在所从事的是什么职业,只要你牢记心中的理想,微笑面对生活,不在妄自菲薄中自暴自弃,也不在怨天尤人中萎靡消沉,时时留意身边的机会,努力奋斗,充实提高自己,就一定会脱颖而出,成为令人敬慕的成功者。

第二章

【高调的信念】

认为自己行的人一定能找到出路

无论你将活得充实还是平淡，你将变得杰出还是平庸，这一切都取决于你心中是否有信念。当我们选择了有益于人生的信念后，可以极大地增强我们的精神动力，促使我们具有超常的承受力、忍耐力，帮助我们在人生的路途中，历经艰苦卓绝而不倒，化解风险而必胜。

你身上拥有无限的能力和无限的可能性

说自己行的人，在积极心态的支配下，不论遇上什么困难和挫折，都不会让自己的人生随波逐流，他们会扼紧命运的喉咙，成为生命的主人。

每一个人都有自己的信念，信念就是牢固的观念，或者说是对事物习惯性的看法。当你坚信某一件事情的时候，就无疑给自己的潜意识下了一道不容置疑的命令，有什么样的信念就决定你会有什么样的力量。如果你认为自己是一个平平淡淡的人，那么你将会真的变得平平淡淡；如果你认为自己注定是一个不平凡的人，那么你将会成就一番事业。说自己行的人，他的潜意识会把成功的信念，变成成功的行动；说自己不行的人，他的潜意识也会把他自卑的念头变成失败的行动。

如果你认为你会失败，那你就已经失败了。一个人的“认为”，就是心里对自己说的话，说自己不行的人，爱给自己说丧气话，遇到困难和挫折，他们总是为自己寻找退却的借口，这些话正是自己打败自己的最强有力的武器。

说自己行的人，在积极心态的支配下，不论遇上什么困难和挫折，都能坚持到底，永不放弃。东方歌舞团音乐总监、著名作曲家卞留念说：“如何才能提高自己的影响力？勤奋是第一位的，而且，一定要在一种充分自信的前提下。而这种自信在最开始的阶段很可能是做给自己和别人看的——你要有一种霸气，你要认为自己是最优秀的！是的，你甚至可以认为自己就是一个英雄！”

张艺谋导演的原生态电影《一个都不能少》，在国际上一炮打响后，片中的女主角魏敏芝刚一闯入人们的视线，就戴着盛誉的光环，按照常理，应该星光一片灿烂。然而，就在“魏敏芝热”风头正劲的时候，许多人都预测说这位“谋女郎”在星途上不会走得太远，甚至许多导演都给魏敏芝降过温，说她既不漂亮，身材也不好，不适合做演员……

当负面的声音如潮水一样涌来时，22岁的魏敏芝有点蒙了。她照镜子时对自己说："我感觉自己是这块料，我行，一定行！"自此，魏敏芝把电影当成了事业，她要证明给全世界看。就这样，在一片嘘声中，魏敏芝怀揣梦想，肩负使命，毅然报考了北京电影学院。

然而，这一次她失利了。与"北影"失之交臂后，她毅然选择了西安外国语学院影视传播学院，将专业调整为"编导"。魏敏芝在校期间，学习非常刻苦，如饥似渴地汲取着专业知识的养分。一个偶然的机会，魏敏芝邂逅了一位她的忠实影迷——美国夏威夷杨百翰大学教授、美籍华人陈尔岗。陈尔岗对魏敏芝非常关注和喜爱，还决定将她推荐到自己任教的学校去深造。但是，去美国就学前，需要经过严格的考试，但魏敏芝的英语基础却相当薄弱。正式收到陈尔岗邀请的那天，魏敏芝心事重重，她久久地坐在图书馆里盯着面前的笔记本发呆，她问自己：人这一生，关键的机会能有几次？那一天，走出图书馆的时候，魏敏芝的拳头攥得紧紧的。

经过两年的刻苦学习，聪慧的魏敏芝最终在杨百翰大学组织的留学考试中脱颖而出。通过竞争，她获得了校内电视台副导演的职位。同时，还将校内的中国留学生组织到一起，成立了首届中国同学会，并担任同学会主席一职。每隔一周，同学会都要放映一部中国的电影，向全校师生展示中国文化的魅力。此外，她还加入了学校的合唱团。魏敏芝当仁不让，打败其他竞争者，当上了合唱团的副导演。在异国的土地上，魏敏芝的才情得到了淋漓尽致的发挥。

之后，崭露头角的魏敏芝受到了美国一家影视公司老板的关注，邀请她执导电影《母亲的心愿》。该影片不仅由她独立执导，还由她担任主演。凭此片，魏敏芝受到了科威特中国电影周举办方的邀请，成为首个在海湾地区亮相的中国演员，还获得了科威特文委最高奖……

从那以后，魏敏芝不再是那个浑身冒着土气的原生态演员了，她已经在历练中成了一道耀眼的风景！

可见，自信的产生是自我意识的选择。一个人可以选择成功的自信，也可以选择束缚自己的自卑，这一切全由人自己来决定。如果你想选择自信，你应该先弄清自己身上的优点、长处，一条一条记在心里，不断地告诉自己："我身上拥有无限的能力和无限的可能性。"当你弄清了自己的强项，选择和发挥自己最擅长的能力，也就是自己的优势潜能时，自然就产生了自信。无论发生什么事，无论处于什么境地，自信者都相信自己一定能成功。就像当年有人问康拉得·希尔顿何时得知自己将会成功时，希尔顿说，当他还潦倒困顿到必须睡在公园的长板凳上时，他已经知道自己以后将会成功。因为那时他不但有了希望，有了成功的意识，还看到了自己身上具有经营管理的能力。

拥有自信心态的人让人更容易相信他们的能力，因而也会得到更多的锻炼机会，使他们成为更有能力的人。智者往往很自信，他们从来不内疚、自责；他们有强烈的竞争意识，能够抓住每个万分之一的机会，享受着成功的愉悦。一个真正拥有自信的人，不会让自己的人生随波逐流，他们会扼紧命运的喉咙，成为生命的主人。

环境不能真正激励你自己，别人也不能真正激励你自己；只有你自己才能找到你真正的需要和追求。如果你想让自己的生命精彩，如果你不想虚度此生，那么就唤醒你生命中真正的最重要的激励大师——你自己吧！此时、此地、此人永远在心中呐喊着对你最重要的那句话："我一定行"。

你最可怕的敌人就是你脆弱的心

许多人之所以失败，是因为他们不敢争取，他们让自己陷入了自卑的情绪之中。能够使我们飘浮于人生的泥沼中而不致陷污的，是我们的信心。

这是一个精英、权威、大腕辈出的时代，他们的强势、张扬和武断常常让我们心智敏感的年轻人自卑、茫然而无所适从。也许有人说你不会成功、你生来就不是成功者的料、成功不是为你准备的，对这些闲言碎语，你完全可以置之不理，你要用行动来证明自己的能力。

周围人对我们的判断，常常取决于我们的自我评价。对于那些非常自信的人来说，周围的人也会非常信任他；另一些人非常胆怯，从来不相信自己，对这种人，周围的人自然也不敢信任他。

自我责备、自我贬低是我们所知的最具破坏力的行为之一。马克思说："自暴自弃，这是一条永远腐蚀和啃噬着心灵的毒蛇，它吸走心灵的新鲜血液，并在其中注入厌世和绝望的毒汁。"自信心的确具有无可比拟的重要作用，许多人之所以失败，不是因为他们不能成功，正是因为他们不敢争取，他们让自己陷入了自卑的情绪之中。

美国历史上第一位荣获普利策新闻奖的黑人记者伊尔·布拉格9岁那年，父亲带他去参观梵高的故居。在那张著名的吱嘎作响的小木床和那双龟裂的皮鞋面前，布拉格好奇地问父亲："梵高不是世界上最著名的大画家吗？他难道不是百万富翁？"父亲回答他说："梵高的确是世界上著名的画家，同时，他也是一个和我们一样的穷人，而且是一个连妻子都娶不上的穷人。"

又过了一年，父亲带着布拉格去了丹麦，在童话大师安徒生墙壁斑驳的故居，布拉格又困惑地问父亲："安徒生不是生活在皇宫里吗？可是，这里的房子却这样破旧。"父亲答道："安徒生是个鞋匠的儿子，他生前就住在这栋残破的阁楼里。皇宫只在他的童话里才会出现。"

从此，布拉格的人生观完全改变。他不再自卑，不再以为只有那些有钱有地位的人才会出人头地。他说："我庆幸有位好父亲，他让我认识了梵高和安徒生，而这两位伟大的艺术家又告诉我，人能否成功与贫富毫无关系。"

可见，自卑是心灵的杀手，它像一根潮湿的火柴，永远不能点燃胜利的火焰；它像一只破旧的帆船，永远不能扬起胜利的风帆；它像一条断桨的小船，永远不能到达成功的彼岸！如果一个人做事时充满了自主性，能够雷厉风行，相信自己一定能成功，那么他就能赢得别人的信任，因为他是自信的。

人生是依靠强烈的自信支撑起来的，一旦我们失去了自信，就违背了自己的本性，不敢肯定一切，人生也就没有了根。我们会消极、迷惘，不知道自己该干什么，一遇到不利于自己的情势，就会畏难发愁，甚至逃避，结果，无论多么好的机会摆在你面前，你都抓不住，最终一事无成。而自信则是成功的基石，拥有自信的心灵会海阔天空，拥有自信的眼神会光芒万丈，拥有自信的步伐会铿锵有力！

有一个小男孩非常自卑，贫寒的家境使他老觉得自己处处低人一等。他的天空乌云密布，他的心里郁闷极了，心里总有一个强烈的声音在不停地发问："我什么时候才能体会到成功的滋味呢？"

有一天，老师带着全班同学来到一家生产水果罐头的工厂参加学工劳动。孩子们的任务是刷洗那些回收来的空罐头瓶子。为了激励大家，老师宣布开展比赛，看谁刷洗的瓶子最多。

小男孩站在同学中间，听到老师的号召，心里一阵激动，他从来没有得到过"第一"，那一刻他下定决心，一定要得到它。

他很快就学会了所有的刷瓶程序，刷得非常认真，一个接一个，一整天都没有停下来，一双小手被水泡得泛起一层白皮。结果，他刷了108个，是所有孩子里面刷洗瓶子最多的。当老师宣布这一结果时，小男孩非常高兴，那种成功后极度快乐的体验，从此一直留在他的记忆中。

这件事成了男孩人生的转折点，自卑的他从此挺起了胸膛，迈开大步向成功跑去。也就是从那一天起，当时10岁的小男孩知道自己的生活可以从此完全不同了。得了"第一"的他一下子明白了，无论什么事情，只要他肯干，就一定可以干好。他开始努力地去做自己想做的事情，他坚信，只要坚韧不拔地努力下去，就一定能够得到自己想要的东西。

果然，这个小男孩一路顺利地走了下去。他就是微软亚洲研究院的主任研究员周明。他拥有很多重要的科研成果，然而，他心中最珍惜的财富却是他小时候在学工劳动中刷的108个瓶子。

周明说："我原来一直是没有自信的，但是这件事给了我自信，就是从那天起，我知道无论什么事情只要我肯干，就一定可以干好。我发现了天才的全部秘密其实只有6个字：'不要小看自己'！"

自信心对一个人一生的发展所起的作用是无法估量的。无论在智力上还是体力上，或是做事的各种能力上，自信心都占据着基石般的支持地位。一个人如果缺乏自信心，就会缺乏探索事物的主动性、积极性，其能力自然要受到约束。为了充分发展自己，在为自己规划前程的时候，一定要使自己充满自信。

世上最可怕的不是敌手，而是你自己，你最可怕的敌人就是你脆弱的心。自信是一根柱子，能撑起精神的广漠天空；自信是一片阳光，能驱散迷失者眼前的阴影。能够使我们飘浮于人生的泥沼中而不致陷污的，是我们的信心。

从现在开始，请你不要为错失良机而叹息，不要因为一时的失败而惶恐，你应该有"天生我材必有用"的霸气和豪情，充满自信地走向生活！

如果你下定了坚强的决心，神仙也会来帮忙

影响我们人生的绝不是环境，而是我们抱持什么样的信念。决心是最重要的积极信念，要成功首先得下定决心，决心有多大，决定着你成功的系数有多大。

我们经常以为一个人的成就深受环境所影响，有什么样的遭遇就有什么样的人生。这实在是再荒谬不过了，影响我们人生的绝不是环境，也绝不是遭

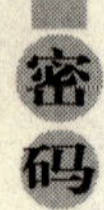

遇，而是看我们对这一切是抱持什么样的信念。安东尼·罗宾深信，决定我们人生的关键不在于所面对的环境，而在于我们决定要如何去面对。我们都曾听说过一些伟人的故事，他们无视于所处的逆境，坚持所做的决定并一心向前，结果让困顿的人生开出璀璨的花朵，他们努力奋斗的事迹成为振奋人心、鼓舞后人效法的榜样。

在任何时候，恶劣的环境都比安逸的条件更能激发人们的斗志，并且可能形成一种巨大的力量，带领我们发现一条新路，前往我们从来没想象过的地方。这是因为，我们并不知道自身的潜力能够在多大程度上突破环境的局限。一旦抛开内心的畏惧，这种潜力就能最大限度地发挥出来，并找到可行的办法，来打破环境和条件的局限。

曾经能一个人，他是一个冷酷无情的人，嗜酒如命且毒瘾甚深，有好几次差点把命都给送了，就因为在酒吧里看一位酒保不顺眼而犯下杀人罪，目前被判终身监禁。

他有两个儿子，年龄相差才一岁，其中一个跟他老爸一样有着很重的毒瘾，靠偷窃和勒索为生，目前也因犯了杀人罪而坐牢；而另外一个儿子可不一样了，他担任一家大企业的分公司经理，有美满的婚姻，养了三个可爱的孩子，既不嗜酒更未吸毒。

为什么同出于一个家庭，在完全相同的环境下长大，两个人却会有不同的命运？在一次个别的私下访问中，记者问起造成他们现况的原因，二人竟然是相同的答案：“有这样的老子，我还能有什么办法？”

影响我们人生的绝不是环境，也不是遭遇，而是我们抱持什么样的信念。不是环境也不是遭遇能够决定一个人的一生，而是看他对于这一切赋予什么样的意义，也就是说他是用什么样的认知来看待他所处的境遇，这不仅决定他的现在也决定他的未来。人生到底是以喜剧收场还是以悲剧落幕，是丰富的还是无声无息的，全在于这个人到底抱持的是什么样的信念。

如果我们有心，也都可以成为成功者当中的一员，然而要怎么去做呢？很简单，那就是今天就下定决心，到底在未来的10年或更长的日子里要成为怎样的一个人。如果你不打算做这样的决定也没关系，事实上你已经做了决定，就是甘心把自己的人生交给环境，任由它来主宰。

改变我们人生的力量源自于决心，只有下定决心，潜能才能被发掘。请记住，你的人生直到你下定决心的那一刻才发生实质性的变化，你所做的决定决定了你未来的方向。你的今天是你几年前做出决定的结果，同样几年后会怎样就决定于你今天所做的决定！

阿里巴巴公司创始人、中国互联网行业的先锋人物马云，于1995年成立中国首家商业网站——中国黄页。2001年被世界经济论坛选为“全球青年领袖”；2005年被美国《财富》杂志评为“亚洲最具影响力的25名商人”之一。

马云个头不高，但从小就喜欢打架，是个很调皮的孩子。小学读的不是重点小学，中学普通，大学也很普通。他曾经也很想到北大上学，但他的数学成绩已经差得不能再差，以至于需要通过连续三次高考，而且每次数学分数都有大幅提高，才勉强进入了与北大相差甚远的杭州师范学院专科。

马云到大学后悬崖勒马，变得刻苦认真。常常清晨跑到西湖边找老外“聊天”，几乎每天都一个人跑到宾馆门口跟老外“对话”，就这样打下了坚实的外语基础。创办阿里巴巴之后，他可以轻松地在欧美向海外用户做演讲，口语水平丝毫不逊于国语，这完全得益于大学时代打下的底子。

此外，进入大学校园后他还将往日打架的劲头用在学生工作上，不仅顺利当选为学校学生会主席，还做了杭州市学联主席。对于一个二流高校学生来说，这几乎是个奇迹。

马云说：“我并不聪明，还讨厌高科技的东西。我为什么不做大学老师来做阿里巴巴？我想证明一点：如果马云能成功，那么大家都能成功。这世界上每个人都是能成功的，只要你下定决心。”

并不是我们命里注定不能成为大人物，而是我们从来没有想过要成为那样伟大的人物！成功的第一个秘诀就是要下定决心。不要把失败归咎于环境，因为这样只会使自己处在困境中，因而更加堕落。只要自己有创造环境的勇气，命运就能掌握在我们自己手中。成功的人会自行创造出各种有利于自己的环境，而不是被一般世俗的环境所影响。拿破仑曾说："我会设法创造或改造那些对我有影响的环境。"

真正的决心是一种强烈的欲望，一种不达目的誓不罢休的精神，是一种对生活现状永不满足的态度。当我们下定决心一定要去做的时候，那些起初看起来很艰难的事情就会变得非常简单。著名篮球运动员迈克尔·乔丹说："要是前面有一堵墙，不要折回头放弃努力，要想办法爬过去并超越它，即使被撞倒也不要回头！"

印度格言说道："人们如果下定了坚强的决心，神仙也会来帮忙。"足见决心可以推进人生，积聚力量，还可以激发与调动外在有利的因素。人生命运历程中没有平坦的路可走，在各种艰难险阻中，如果没有坚定的决心，以及由此而产生的巨大动力，要想如意地拓展人生之路，实现命运的跃升，只是一句空话。

如果一定要，就一定有方法得到

成功来源于你是想要，还是一定要。当一个人"不是一定要"的时候，连小石头都可挡住他的去路；但是"一定要"的人，再大的障碍都挡不住他想要的结果！

经常有年轻人问卡耐基，是否认为他们可以取得成功，是否认为他们具有与众不同的价值。卡耐基回答说："你当然可以成功。我觉得你完全有可以成功的潜力，但不知道你是否一定能成功。这完全取决于你自己。如果你有去争取成功的进取心，那么，没有什么可以阻挡你；如果你没有这样的力量和愿望，那么，再好的教育、再有利的外界因素，都不足以把你推向成功。”

遗憾的是大多数人从不这么做，反而光是给自己找借口，不是家境不好、没有背景，便是学历不高、没有机会，甚至于怪罪到自己的年纪太老或太小。这些借口其实都不是理由，它只会限制个人潜能的发挥，甚而会毁掉他的一生。果断地做出决定，可以令你不再为自己找借口，在很短的时间里让自己彻头彻尾地改变。可以说，“一定要”乃是一切改变的动力，它可以改变一个人、一个家、一个国家和整个世界。

成功学界流行一个著名的观点：成功来源于你是想要，还是“一定要”。如果仅仅是想要，可能我们什么都得不到；如果是“一定要”，那就一定有方法可以得到。成功来源于我“一定要”。

全球励志大师陈安之十几岁时，只身负笈美国留学，初次体验人生，接触到许多成功者的资讯报道，因此心中隐隐有一股想成功的欲望。

于是，他开始尝试去做各项工作，做餐厅小弟、在电脑店打工、推销汽车，然而，成绩不佳及被炒鱿鱼的事情一次次发生，也使他频繁地更换工作。有一天早上，当他提起手提箱正要出门销售时，忽然有一个声音从心中传出：“陈安之，难道你甘心天天敲门卖刀吗？”他心中的回答是：“绝不！”当时，他马上发誓：我一定要做个成功的人！从那天开始，他拼命找寻致富的方法，阅读各类教人成功的书籍，同时积极投入直销事业。8个月后，他仍然工作失败，没有钱，没有朋友，一个人窝在圣地亚哥的公寓里不断思索。

从16岁开始，陈安之连续5年尝试的所有工作全部失败。每当兴起成功的欲望时，他失败的颓丧模样就不自觉地浮现在脑海，使他不知所措。直到一次偶然的机会，他去参加一个激发心灵潜能的课程，遇到了他的老师安东尼·罗宾，他的人生从此改变。

当时，安东尼在一千多人的研讨会上讲他自己的故事：他在22岁时穷困潦倒，住在10平米大的房子里，洗碗只能在浴缸里进行，后来因为接触了一门“神经语言”的课程而改变了命运，一年后，搬到400平米的城堡里，拥有豪华轿车和直升飞机。

安东尼说：“这世界没有失败，只有暂时停止成功。”“过去不等于未来。”他的这两句话重新燃起陈安之成功的欲望。之后，他开始陆续参加数次研讨课程。1989年，他加入该学院的讲师班，同时，不惧年龄最轻又是唯一东方面孔的挑战，和其他70名优秀而经验丰富的教员竞争讲师的职务。

当时，由于陈安之呈上履历表后毫无回音，于是他费尽心思找到主管该事的总经理面谈，表达了他的工作意愿。谁知那位总经理除了强调工作难度之外，并质疑陈安之是否有恒心毅力长期从事这份工作。他说：“你和别人一样，等明天上午统一发布录取名单吧！”陈安之回答：“当我把履历表交给你的时候，就表示我已经下决心要这份工作了，而且一定要，为了不添麻烦，你还是现在就录取我吧！”

但是，那位总经理仍然摇头，要陈安之等明天的答复。陈安之心想，我不能等到明天，便立刻询问他公司里最佳的销售业绩，并保证成为最棒的推广讲师，锲而不舍地推销自己。最后，总经理终于开口：“你7月21号可不可以飞去宾州工作？”陈安之大叫一声：“没问题！”随即感动得流下泪来，他知道，他的命运即将改变。8个月后，陈安之成为公司最棒的销售人员之一。

人人都想成功，但是大部分人都是希望自己成功，而不是一定要成功。他们对成功的企图心不是那么强烈。这种人一旦遇到困难，要付出代价时，就会退而求其次，或者干脆放弃。成功者之所以成功是因为他对成功有强烈的愿望，一般的人之所以不能成功是因为他们仅仅有兴趣成功，而不是一定要成功。

要成功，你必须先有强烈的成功欲望，就像你有强烈的求生欲望一样！要想成功，仅仅有希望是不够的。成功者跟一般人最大的差别，就是“一定要”与“想要”之间，如果你希望自己的梦想能够成真的话，你就必须抱持“一定要成功！”的信念。

一个人能否成功还取决于自己的决心，而衡量这种决心最简单的方法就是扪心自问：自己究竟是“想成功”还是“一定要成功”？虽然二者只有一字之差，但结果却差之千里。因为“想”只是一种向往或是一种侥幸心理，它是盲目的和非现实的；但“要”则不同，它是明确的、有目的和现实的，有了“要”的动力才会不顾任何艰难险阻、义无反顾地去努力。

为自己鼓掌是一种精神的复活

每个人都希望，也都需要得到别人的鼓励。日本有句格言：“如果给猪戴高帽，猪也会爬树。”这句话听起来似乎不雅，但说明了这样一个道理：当一个人的才能得到他人的认可、赞扬和鼓励的时候，他就会产生一种发挥更大才能的欲望和力量。

但是，光靠别人的赞扬还不够，因为生活中不光存在赞扬，你碰到更多的可能是责难、讥讽、嘲笑。在这时候，你一定要学会从自我激励中激发自信心，学会自己给自己鼓掌。在现实生活中，有些人缺乏信心，总是期望得到别人的掌声。一个成功人士说：“别在乎别人对你的评价，否则，会成为你的包袱，我从不害怕自己得不到别人的喝彩，因为我会记得随时为自己鼓掌。”

美国的一位心理学家说过：“不会赞美自己的成功，人就激发不起向上的愿望。”是的，别小看这种“自我赞美”，它往往会给你带来欢乐和信心；信心增强了，又会激励你获得更大的成功，自信心也就会再度增强。

那年，演艺事业陷入低谷的蔡琴遭遇了很大的打击，与台湾著名导演杨德昌维持了15年的婚姻宣告结束。那段日子非常痛苦、茫然，蔡琴不知道该向何处去。

一天，有4个朋友结伴来看她，自然少不了安慰和鼓励的话。蔡琴摇摇头说："一切都结束了，我再也无法站起来了，我什么也没有了。"

一位朋友说："不，你有许多优点呀，这些优点就是你重新开始的最好资本呀。"

"优点？我哪有什么优点？"蔡琴摇头说。

"这样，我们把你的优点一一写在纸上好吧？"朋友不管蔡琴同不同意，就找来纸和笔，然后，4 个人开始在纸上写蔡琴的优点，整整写了 30 分钟，加起来总共有 225 条。朋友把这 225 张写着蔡琴优点的纸条小心翼翼地折叠好，然后让蔡琴找出一个瓶子，把这些纸条全部装进去。做完这一切后，朋友们对蔡琴说："我们不是恭维你，你的这些优点是你以前给大家的印象。从明天起，你每天起床后从这瓶子里拿出一张纸条，看看纸条上的字，你就会对自己有信心了。"

蔡琴觉得这很有意思。第一天早晨，她起床后就打开了瓶子，拿出了一张纸条，慢慢展开，上面写着两个字"乐观"。下面还有一行小字："蔡琴，加油！"看着纸条，蔡琴的眼睛湿润了，她感受到了来自朋友的关爱，心里暖暖的。那天她吃了早餐，她已经好长时间没有吃早餐了。第二天早晨，蔡琴从瓶子里拿出了第二张纸条，上面写着两个字"聪明"。她笑了，没想到在朋友眼里，自己是个聪明的人。第三天，蔡琴手中的纸条上写着："有歌唱天赋"；第四天，蔡琴手中的纸条上写着"进取心强"；第五天……

225 张纸条，每张纸条上都写着朋友对自己的评价。也不知从哪天开始，蔡琴开始微笑，开始昂着头走到大街上，开始坐在窗前，为自己的未来规划……在那段伤痛的日子里，225 张纸条给了她力量，使她认识到在别人眼中，自己并不是一个失败的女人。在别人眼里，自己有这么多优点，有什么理由不重新来过呢？

告别伤痛，蔡琴带着信心和歌声再次走上了舞台，仿佛又回到了青春岁月。她的事业进入了第二个春天，她醇厚低沉的嗓音让歌迷沉醉，中年的她变得越来越美丽。

当我们遭遇低潮时，别人的鼓励会让你有“毕竟我不孤单”的感觉，于是生出一股奋起的力量；但是，千万别乞求、冀望别人的鼓励，因为那只会让你像个可怜虫！而这种鼓励也带有怜悯的意味；千万别依靠别人的鼓励来产生勇气和力量，因为你未来的路还会有许多坎坷，并不一定每一次在你低潮的时候，就会有人来鼓励你。说实话，当你遭遇低潮时，看你笑话的人多，真正能为你打气的人少。或许你的老师、长辈会为你打气，但他们不可能天天拍你肩膀。

所以，当遭遇低潮时，要自己鼓励自己！在人生旅途中，总会有跌倒的时候。生活中，我们难免会遭遇挫折，陷入困境。请丢掉沮丧和绝望，找到自己身上的优点，给自己信心，给自己战胜困难的勇气，积极乐观地面对生活中所发生的一切。

要学会给自己鼓掌，通过赞美自己的一次次微小的成功，来不断增强你奋力向前的信心，从而获得成功。给自己鼓掌，绝不同于自我陶醉，而是为了强化自己的信念和自信心，正确地评价自己的能力。当你做出了成绩，千万别忘了给自己鼓掌。

为自己鼓掌是一种精神的复活，它可以让你走出逆境。这是因为，有了自己的掌声，就会让自己远离流言蜚语，给自己一份明澈的心境；自己为自己鼓掌，你就会在自己掌声的氛围里，燃烧起希望的火种。

能为自己喝彩的人一定是强者，因为他敢于接受任何挑战，自强不息。正是这种喝彩给他们带来源源不断的动力，无悔地追求自己的理想，最终实现自己的目标。唐代诗人李白在《将进酒》中写道：“天生我材必有用，千金散尽还复来。”字字展示着无比的自信。坚信自己的价值，学会为自己喝彩，才会拥有一个精彩的、有意义的人生。

第三章

【高调的勇气】

世界从来都给无畏的人让路

勇气决定了人格的张力和职业生涯的高度。缺乏勇气的人永远也无法体会到追寻成功者的豪情壮志，这就像在灌木丛中跳跃觅食的鸟雀，永远也无法理解“绝云气”、“负青天”、“扶摇直上九万里”的鲲鹏为什么会不畏艰险地搏击长空一样。

无畏是灵魂的一种杰出力量

无畏是灵魂的一种杰出力量。这是一种积极的态度，是一种敢为天下先的勇气。一个人只有战胜了怯懦，才会在生活中始终乐观而健康。

甘地，堪称全世界著名的民族英雄，有历史学家评价说："他的伟大，在于他的勇气。"而事实上，甘地小时候是一个敏感多疑、瘦弱多病的人。可是，他最终却成为一个勇气十足的伟大英雄，我们都知道，甘地的不抵抗合作运动，是拿血肉之躯迎向敌人的枪炮的。要是没有足够的勇气，这种行为根本无从谈起。他的这种勇气从何而来呢？这显然是他本身在现实生活中改造自身缺陷的结果，他在残酷的生活和斗争中磨炼出了自己足够的勇气。从一开始投身印度独立运动起，他就知道，必须做一个无所畏惧的人；只有无畏，才能勇往直前，才能为实现自己的理想而努力奋斗。他以自己的崇高信念，以自己的坚强毅力，最终使自己成了一个有勇气的人，一个大无畏的人。

无畏就是在面临危险的时候临危不惧，就是客观评估风险之后果断行动，就是在困难面前绝不后退，就是在狂风暴雨里始终走在最前面。这是一种积极的态度，是一种敢为天下先的勇气。当胆小者掉头逃跑了的时候，无畏者选择的却是越是危险越向前。

在第二次世界大战中，巴顿创造的战绩是巨大的，也是惊人的。正如驻欧洲盟军总司令艾森豪威尔将军在战后所说："在巴顿面前，没有不可克服的困难和不可逾越的障碍，他简直就像古代神话中的大力神，从不会被战争的重负压倒。"

在作战方面，巴顿堪称世界现代战争史上最杰出的战术家之一，其主要特点是勇敢无畏的进攻精神。巴顿特别强调装甲部队的大范围机动性，尽一切努力使部队推进、推进、再推进。巴顿在战斗中的一句口头禅是:“要迅速地、无情地、勇猛地、无休止地进攻!”有时,他下令:“我们要进攻、进攻,直到精疲力竭,然后我们还要再进攻。”有时,他对部下说:“一直打到坦克开不动,然后再爬出来步行……”正是这种勇敢无畏的进攻精神,使得巴顿率领的部队在战场上所向无敌,无往而不胜。

只有勇敢精神才能让平凡的自己做出惊人的事业。在“勇敢者的游戏”中,想要胜利就不能退缩,只能前进。西点领袖麦克阿瑟的敢于冒险的精神给人留下了非常深刻的印象。他在战争中从不考虑个人安全,总是冲锋在前,不怕危险。这也是他成为美国杰出将领的一个重要原因。他曾经数十次进入日军的火力封锁区,一次又一次地和第一攻击波的部队一起登陆。他曾说:“能打死我的日本子弹还没造好!”

麦克阿瑟的司令部虽然设在隧道里,但他却仍把家安在地面上,经常冒着遭空袭的危险。每次空袭警报一响,妻子琼便带着小阿瑟奔向一英里远的隧道,而麦克阿瑟并不是稳坐在家中,而是跑到外面去看个究竟。

有一次,他正在家中办公,日军的飞机又来空袭,子弹穿过窗户打在麦克阿瑟身边的墙上。他的副官惊慌地冲了进来,发现他仍镇定自若地在工作,好像什么事儿也没发生一样。看到副官进来,他从办公桌上抬起头来问:“什么事?”副官惊魂未定地说:“谢天谢地,将军,我以为你已被打死了。”

麦克阿瑟回答说:“还没有,谢谢你进来。”

在另一次空袭中,麦克阿瑟从隧道里跑出来,毫不畏惧地站在露天下,观察日军飞机的空中编队,数着飞机的数量。他的值班中士摘下头上的钢盔给他戴上,这时一块弹片正好打在这位中士拿着钢盔的手上。奎松得知此事后,立即给麦克阿瑟写了一封信,提醒他要对两国政府、人民及军队负责,不要冒不必要的危险,以免遭到不幸。但麦克阿瑟把他的这种举动看作是自己的职责,认为在这样的时刻,让士兵们看到他同他们在一起会高兴的。

无畏是灵魂的一种杰出力量，正是靠着这种力量，英雄们在那些最突然和最可怕的事件中，也能以一种平静的态度把持自己，并继续自由地运用他们的理性。只要对自己有信心，有放手一搏的决心，就不妨采取行动。

不要让恐惧压倒你，不要让风险困扰你，勇敢前进就能达到成功的目标。任何时候如果有任何人或事想要把你击倒，你就顽强撑住！一个人只有战胜了怯懦，才会在生活中始终乐观而健康。

因为我们不敢做，所以事情才变难

并不是因为事情难我们不敢做，而是因为我们不敢做事情才难的。只要你有耐心，选准一个方向，一步步地向前，眼前一定会出现一片新的洞天。

要做个成功者，对你来说重要的是学会在困难时刻如何坚持前进。其实，成功并不像想象的那么难，关键是要去尝试，看看自己的实际能力是什么样子，然后耐心地一步步朝自己的目标进发，那么，距离成功也就不会远了。

为了尽可能地赢得机会，你必须在紧急情况和发生问题时勇敢面对，坚持下来。要相信，勇敢出才干。有时困难在想象中会被放大100倍，事实上，走出了第一步，就会发现那些困难有时只是自己吓自己。很多时候并不是你的能力不行，也不是没有机会，而是你不够勇敢，骨子里生长着一种天然的惰性，一遇上困难就退缩了、放弃了。

1864年，美国南北战争结束后，一位叫马维尔的记者采访林肯。

马维尔问道："据我所知，上两届总统都曾想过废除黑奴制，《解放黑奴宣言》也早在他们那个时期就已草就，可是他们都没拿起笔签署它。请问总统先生，他们是不是想把这一伟业留下来，给您去成就英名？"

林肯回答道："可能有这意思吧。不过，如果他们知道拿起笔需要的仅仅是一点儿勇气，我想他们一定非常懊丧。”

这段对话发生在林肯去帕特森的途中，马维尔还没来得及问下去，林肯的马车就出发了，因此，他一直都没弄明白林肯的这句话到底是什么意思。直到林肯去世50年后，马维尔才在林肯致朋友的一封信中找到答案。在信里，林肯谈到幼年的一段经历：

“我父亲在西雅图有一处农场，田地里有许多石头。有一天，母亲建议把地里的石头搬走。父亲说如果可以搬走的话，主人就不会卖给我们了，它们是一座座小山头，都与大山连着。”

“有一天，父亲去城里买马，母亲带我们在农场劳动。母亲说，让我们把这些碍事的东西搬走，好吗？于是我们开始挖一块块石头，不长时间，就把它们弄走了，因为它们并不是父亲想象的山头，而是一块块孤零零的石块，只要往下挖一英尺，就可以把它们晃动。”

林肯在信的末尾说，有些事情一些人之所以不去做，只是他们认为不可能。有许多不可能，只存在于人的想象之中。

读到这封信的时候，马维尔已是76岁的老人了，就是在这一年，他正式下决心学汉语。据说，1922年，他在广州采访时，是以流利的汉语与孙中山对话的。

许多困难，其实是人们凭空想象出来的。有些时候人就是这样。很多人不敢去追求成功，不是追求不到成功，而是因为在他们的心里面已选择了一个“高度”，这个高度常常暗示自己的潜意识：成功是不可能的。“心理高度”是人无法取得伟大成就的根本原因。我们能不能成功？能有多大的成功？这一切问题都取决于自我！一个人在自己的生活经历和社会遭遇中，如何认识自我，在心里如何描绘自我形象，也就是你认为自己是个什么样的人，成功或是失败的人、勇敢或是懦弱的人，将在很大程度上决定自己的命运。

不自信的人，往往把困难想象得比实际的大，他们为自己心中想象出来的困难所吓倒，从而丧失了许多成功的机会。而具有积极心态的人，他们能正视困难，他们相信，只要去做，总是有成功的机会的。只要想做，该克服的困难，也都能克服，用不着什么钢铁般的意志，更用不着什么技巧或谋略。只要一个人还在执著而坚定地生活着，他终究会发现，造物主对世事的安排，都是水到渠成的。

意大利人伦霍尔德·米什尼在成功地登上了8848.13米的珠穆朗玛峰顶后，接受了记者采访。

记者：海拔8000米的高度被登山运动员称为“死亡高度”，你怎么在这氧气极为稀薄的死亡高度不带氧气瓶呢？

米什尼：医生会证明我的肺功能和你的差不多，我在证明8000米的高度不是人的死亡高度！我在这个高度上每走一步都要停下来深呼吸20次，等吸够维持生命活力的氧再走。

记者：我想请问，所有登上世界最高峰的人都带一面自己国家的国旗，为什么你只掏出一块手帕？难道手帕上有着比国旗更能激发你浪漫情怀的东西？

米什尼：我的手帕不是夫人或情人送的，而是随意从商店里买的。我挥舞着普通的手帕，只是想说明，人登上世界屋脊就像所有人爬上自己家屋顶那么普通。我不带国旗，就是告诉世人，不仅仅是意大利人才能登上这个高度！

有很多人在困难面前止步不前。其实，许多时候事情不是到了无可挽回的地步，而是人们丧失了自信心。困难是任何人都会遇到的，面对困难我们没有理由退缩，只有积极地进取才能够让我们从绝境之中闯出一条生路，怀着积极的心态去面对困难永远是我们战胜它的法宝。

成功的人都有一个共同的特性，那就是有勇气去做别人不敢做的事情。他们不像常人那样对困难望而却步，而是乐于投入逆境的洪流之中，积极与大风大浪搏击，即使百转千回，也要到达成功的彼岸。每个人的勇气都不是天生的，没有谁是一生下来就充满自信的，只有勇于尝试，才能锻炼出勇气。

重要的是他们比你“敢”做

“敢”，是一种衡量胆商高低的表现，因为敢，你离成功很近；因为不敢，你在远离风险的同时，也错过了成功的机会。想成为一名赢家，就应该大声地对“不敢”说“不”。

谁也不想使自己的一生碌碌无为，人人都梦想一生成功、富贵，可是只有少数人与成功、财富结缘。我们常抱怨自己的潜能没有挖掘出来，自己没有机会施展才华。我们甚至也都知道如何去施展才华和挖掘潜能，只不过不敢去做罢了。

尝试可能会遇到失败，但不尝试则没有任何成功的希望，从这个意义上说，不敢尝试才是最大的失败。机会总是在于创造、在于寻找、在于发现。不去尝试一下，不试着去做一下，人生之路就不会宽广。为了一丝光热，飞蛾勇敢地扑向灯火，虽然有些死在了灯火之下，但是还有那么多征服了那些光热，留在了光下，飞蛾尚且如此，何况是人类呢？

农村有户人家，半夜里有人敲门。主人好奇，这么晚了，又是大雪夜，会是谁呢？开了门一看，是一个迷了路的旅客。

主人赶紧把他迎进屋内，看了看他身后的脚印，惊叹地说：“哎呀，你真幸运，你刚刚走过的路，其实是一片沼泽地，上面只有一层薄冰。这里的人，从来都不敢走的。”

旅客听后感觉到一片寒意：若是刚刚踏破薄冰，不是早就葬身沼泽之中了吗？

主人继续说道：“前几天，同样是下着雪，一位邻居被一群野狼追袭，同样的地方，邻居知道那里是一片结着冰的沼泽地，所以不敢涉足过去。不幸的是，他就死在野狼口里。"

因为不知道，所以勇敢，即使是沼泽地也敢跨越；因为知道，面对一尺深的水池却止步不前。这种"知道"，是不是一种负担？经验有时就是负担，因为它教会我们"不敢"。

认准目标，勇往直前，是一切霸气者的成功经验。"敢"是一种胜利，"不敢"就是一种失败。有多少"不敢"让我们与成功失之交臂，最终半途而废呢？在懦弱者面前，哪怕只是一块小小的石头，也会筑起一座坚不可摧的堡垒。想成为一个名副其实的赢家，你就应该大声地对懦弱和"不敢"说"不"。

李开复刚加入微软公司时，在工作中与同事进行一般的沟通没有问题，但到了比尔·盖茨面前就总是不敢讲话，因为他非常担心自己说错话。

有一天，公司要进行改组，比尔·盖茨召集十多个人开会，要求每个人轮流发言。李开复当时想，既然一定要讲，那不如把心里话都讲出来。于是，他鼓足勇气说："在我们这个公司里，员工的智商比谁都高，但是我们的效率比谁都差，因为我们整天改组，而不顾及员工的感受和想法。在别的公司，员工的智商是相加的关系。但当我们整天陷在改组'斗争'里的时候，我们员工的智商其实是相减的关系……"

他说完后，整个会议室鸦雀无声。会后，很多同事给他发电子邮件说："你说得真好，真希望我也有你的胆量这么说。"结果，比尔·盖茨不但接受了李开复的建议，改变了公司这次的改组方案，并在与公司副总裁开会时引用他的话，劝大家开始改变公司的文化，不要总是陷在改组"斗争"里，造成公司的智商相减。

从此，李开复再也不惧怕在任何人面前发言了。这件事充分印证了"你没有试过，怎么知道你不能"这句话。

没有胆识的人，当再好的机会到来时，也不敢去掌握与尝试；因为不敢尝试，固然也就没有失败的机会，但也失去了成功的机运与喜悦。只有勇敢精神才能让平凡的自己做出惊人的事业。没勇气登上顶峰的人，最终只能在底层徘徊。成功者不是这样，他们敢于与命运抗争，劲头十足，不断前进，直到取得自己满意的结果。

这个世界永远有新的挑战立在你的前面，有新的领域等待你去征服，关键是你敢不敢去做。奋斗者，破产对他们来说只是一时；而不去奋斗，则必将一生贫穷。只要你没有失去勇气，敢于拼搏，就一定会取得成功。许多成功人士不一定比你“会”做，重要的是他们比你“敢”做。

妄想处于没有风险的世界是不可能的

如果把人生比作一次旅行，辛劳和苦难则是我们所不能不花的旅费。作为一个像样的旅行家需要勇气，也唯有有勇气承担旅途风险的人才可以到达人生的胜境，才可以领略到一般人所领略不到的乐趣。因此，逢到逆境时，我们要忍一忍、熬一熬，再多拿出一分勇气和信心；不要只看旅途的艰苦，而要把希望的灯光点亮，去照见那些你所想要去的地方。

“面对一个重大抉择时，除了内心的勇气，你别无所恃。”卡莉·费奥莉娜一语中的地道出了作为个体的人，当跋涉在通向未来之路的时候，那些理论上的决策依据是多么苍白无力。这个不断挑战自我极限、时刻提醒自己保持强势的惠普前任女总裁，像无数成功的人士一样，通过战胜自己赢得了世人的尊敬。不断进取，敢于面对一切困难，努力克服它、战胜它，这是生存的法则。相反，逃避是懦夫的行为，最终只能带来更多的危机。

几年前，一个由 7 名探险家组成的团队在崇山峻岭中穿行。他们经过一座险恶的石山时，山体发生崩裂，十几块巨石从山腰间轰然而下。

等一切沉寂下来后，7 个探险家中有 6 个已经被乱石砸死，而剩下的那一个探险家只受了一点儿轻伤。

闻讯而至的记者问这个幸存的探险家："你只是侥幸没有被石头砸中吗？""不是。"探险家淡淡地说，"只是因为我面对危险抬起了头，从而得以避开巨石的袭击。"

面对危险抬起头，不是每一个人都能做得到的。当有人告诉我们头上正有东西掉下来时，绝大多数人的第一反应是把眼一闭，然后把头一缩，其实这对避开危险没有任何用处。面对困境，很多人选择逃离和躲避风险，企图求得暂时的、片刻的安稳，但生活的经验告诉我们，妄想处于一个没有风险的世界根本不可能。在危急时刻或逆境中，只有抬起头勇敢面对的人，才有可能逃离危险，战胜困难。

人生路上，难免有坎坷，难免遍布荆棘，是知难而退，还是迎难而上？这道题的不同答案也就决定了强者和懦夫的不同人生观念。只要你不让自己消沉颓丧，环境是不能把你怎样的。遭遇挫折并不可怕，可怕的是因挫折而产生对自己能力的怀疑。只要精神不倒，敢于放手一搏，就有胜利的希望。

史东是"美国联合保险公司"的主要股东和董事长，同时，也是另外两家公司的大股东和总裁。然而，他能白手起家，创出如此巨大的事业正是他具有勇气的结果。

在史东还是个孩子时，就为了生计到处贩卖报纸。有家餐馆把他赶出来好多次，但是他却一再地溜进去，并且手里拿着更多的报纸。那里的客人为其勇气所感动，纷纷劝说餐馆老板不要再把他踢出去，并且都解囊买他的报纸。史东一而再、再而三地被踢出餐馆，屁股虽然被踢痛了，但他的口袋里却装满了钱。

史东常常陷入沉思："哪一点我做对了呢？""哪一点我又做错了呢？""下一次，我该怎样做才不会挨踢。"这样，他用自己的亲身经历总结出了引导自己达到成功的座右铭：

“如果你做了，没有损失，而可能有大收获，那就放手去做。”

当史东16岁时，在一个夏天，在母亲的指导下，他走进了一座办公大楼，开始了推销保险的生涯。当他因胆怯而发抖时，他就用卖报纸时被踢后总结出来的座右铭鼓励自己。就这样，他抱着“若被踢出来，就试着再进去”的念头推开了第一间办公室的门。

他没有被踢出来。那天只有两个人买了他的保险。从数量而言，他是个失败者。然而，这是个零的突破，他从此有了自信，不再害怕被拒绝，也不再因别人的拒绝而感到难堪。

第二天，史东卖出了4份保险。第三天，这一数字增加到了6份……

20岁时，史东设立了只有他一个人的保险经纪社。开业第一天，销出了54份保险单。有一天，他更创造了一个令人瞠目的纪录——122份保单，以每天8小时计算，每4分钟就成交了一份。

在不到30岁时，他已创建了巨大的史东经纪社，成为令人叹服的“推销大王”。

成功者需要有足够的勇气来面对挑战。一个人想要在工作中出类拔萃，就必须面对各种各样的艰难险阻。只有那些有勇气正视现实、有勇气迎接挑战的霸气者才能真正达到卓越的境界。喜欢拼搏的人，总是积极向上；害怕奋斗的人，在气势上已先输了一筹。生活中，有许多年轻人之所以懒洋洋地提不起精神，不是因为缺乏向上的实力，而是因为主观认识上的不足。

人生中的暴风雨是成功的试金石，当你能直面它，敢于向它发起挑战，并力争战胜它、超越它，那么再猛烈的暴风雨对你来说又何惧之有呢？接受苦难的考验，迎接生命的光华，只有超脱了俗世的桎梏，凌驾于困境之上的你，才能傲然展翅，翱翔于天地之间。

大胆尝试能带给你更多的机会

世上没有什么事能真正让人恐惧，恐惧只不过是人心中的一种无形障碍罢了。不少人碰到棘手的问题时，习惯设想出许多莫须有的困难，这自然就产生了恐惧感，遇事只要大着胆子去干，你就会发现事情并没有自己想象的那么可怕。

人身上的潜能是无穷无尽的，为什么绝大部分却处于休眠状态？主要是受我们心理上无形障碍的影响和阻碍。很多时候，成功就像攀爬铁索，失败的原因不是智商的低下，也不是力量的单薄，而是威慑于自己的无形障碍。

一位 8 岁的小女孩去学刺绣，每当她走到教师家门口时，便会有一只凶猛的雄鹅朝她扑来，好几次还啄了她。女孩吓得号啕大哭，再也不肯去学刺绣了。女孩的父亲于是找了根长长的棍子交给他 5 岁的儿子，对他说："希望你的胆子比姐姐大。"并告诉他如果雄鹅来了，你尽管大胆地向它走去，然后用棍子狠狠打它，它就会跑掉的。

小男孩跟着姐姐来到教师家，刚推开院门，那只凶猛的雄鹅便高高地伸着颈项，发出可怕的叫声向他们冲过来。小男孩也想跟着姐姐跑，但他想起了父亲的话，于是闭上眼，颤抖着伸出手中的棍子在周围一通乱打，雄鹅终于害怕起来，大叫着回到一群鹅中间去了。

这个小男孩后来成为德国著名的电器发明家，他的名字叫西门子。他在 70 多年后所写的《西门子自传》中说："因为童年的一点儿启示，而使我终生受用，不知不觉地给了我无数次的鼓励：遇到危险不要回避，要大胆迎上去，加以痛击。"

莎士比亚说："本来无望的事，大胆尝试，往往能成功。"大胆尝试常常会带给你更多的机会。尝试是一种发现，是一种自信，也是一种决心。有时候我们之所以害怕做事，是因为只看到了事物消极和困难的一面，实际上任何事物都有正反两个方面。如果能以积极的心态，看到事物好的一面，就会减轻恐惧感。

“让我再试一试”，是成功者的必由之路。要试出好的结果，就要装出非常勇敢、无所畏惧的样子，而且全身心地表现出来。詹姆士对此也有同感，他说：“这样，英雄气概就会取懦夫之怯而代之。”

如果你敢向困难走近一步，它就向后退缩两步。人生中有不少潜藏的恐惧，有的是因自己的怯懦而产生，有些是外力在我们成长的过程中所添加的阴影，如果我们正视它、迎接它，就会发现，它其实并不可怕。美国总统罗斯福曾说过一句名言：“我们唯一值得恐惧的就是恐惧本身，那会让我们莫名其妙地胆怯，会让我们为前进所付出的努力付诸东流。”

罗斯福第一次竞选总统惨遭失败后，他暂时退出政坛。不久，又因一场意外的遭遇而半身瘫痪。他瘫痪后相信自己还能成功，在再次竞选时当了总统，入主白宫。一个半瘫人坐着轮椅，昂着头，挺着胸，信心百倍地走上历史的舞台。他在首次就职演说中提出的那个“无所畏惧”的战斗口号，鼓舞了千千万万的听众，他说：“我们唯一值得恐惧的就是恐惧本身。”他凭着永远不承认失败、永远不甘放弃的精神，把美利坚合众国引上了一条新的发展道路。他连任三届，成为美国最杰出的总统之一。

当时美国弥漫着对经济危机的恐惧情绪。就在3月3日晚，美国32个州宣布无限期关闭银行。如果银行体系崩溃，几千万美国人毕生的积蓄将化为乌有。愤怒的民众会选择什么样的方式发泄，谁也不能保证。

事实上，罗斯福已经遭遇到发泄的危险。2月15日，罗斯福在户外演讲时遭到刺杀。刺客是一个穷困潦倒的人，因此对社会充满仇恨。他原来想刺杀在任总统胡佛，恰巧遇到罗斯福演讲，于是便向他开了枪。罗斯福幸免于难，而芝加哥市长却受了重伤而不治身亡。

当然，罗斯福并不是只靠一句话就能使美国人民重树信心，关键是随之而来的果敢而紧急的行动。两周以后，整个美国变了样，人们摆脱了冷漠和沮丧，开始充满活力。在纽约市小学生中进行的一项民意调查中显示，罗斯福受欢迎的程度已经远远超过了上帝。一个坐在轮椅上的人，竟能够使美国迅速恢复活力，不能不说是一个奇迹。也说明美国选民作出了正确的选择，他们没有被罗斯福的轮椅遮住视线。

任何方面的成功人士，都是靠勇敢面对多数人所畏惧的事物，才能出人头地的。美国著名拳击教练达马托曾经说过："英雄和懦夫同样会感到畏惧，只是英雄对畏惧的反应不同而已。"麦克阿瑟在西点军校的演讲中曾说："不正面面对恐惧，就得一生一世躲着它。"麦克阿瑟指出，如果不能自己除掉恐惧，那样的话阴影会跟着你，变成一种逃也逃不了的遗憾。不要因为恐惧失望而害怕尝试。一旦你正面面对恐惧，很多恐惧都会被击破。要敢于战胜一切恐惧！

现实中的恐怖，远比不上想象中的恐怖那么可怕。如果你想充分发挥你自己身上的潜能，想知道自己能胜任什么事，那就从现在开始，从第一件害怕做的事做起，直到不惧怕为止。如果我们敢于做自己害怕的事，害怕就必然会消失。征服畏惧、建立自信最快最有效的方法，就是去做你害怕的事，直到你获得成功的经验。

第四章

【高调的胆识】

要成大气候就要有“大胆量”

没有承担风险的胆识，永远也成不了大气候。有胆量，就是敢想、敢闯，敢于探索、试验；有见识，就是要把大无畏的精神建立在对客观事物科学认识的基础上。胆识是联成一体不可分离的，有胆无识是愚昧，有识无胆是怯懦。

宁可去碰壁，也不要去面壁

没有敢于承担风险的胆略，任何时候都成不了气候。想成功，就要冒失败的风险。但是冒这些风险是值得的，因为人生最大的危险，就是没有任何冒险。

胆商是一个人胆量、胆识、胆略的度量，体现了一种冒险精神。胆商高的人能够把握机会，该出手时就出手。无论什么时代，没有敢于承担风险的胆略，永远都成不了气候。而大凡成功的商人、政客，都是具有非凡胆略和魄力的。

长期以来，几乎每家单位的招聘程序都十分传统：先看应聘者的学历、履历，人为地设置一道门槛，再在门槛内挑选，而事实上，许多有胆识和发展潜能的人才被挡在了门外。其实，在外资企业招聘过程中，学历等方面已经越来越被看轻，他们更看重的是人才的“三商”，即智商、情商和胆商。正如有关专家说，“胆商”就是胆略，有商战的胆略，敢于抓住机会，该出手时就出手。

被称为“猎头航母”的上海人才有限公司打出了奇特的招聘广告，在全球范围内招聘培训师，引起了应聘者的强烈兴趣。该公司的招聘条件十分“宽松”：不看学历、年龄、履历、户籍、性别等，公司对你曾经拥有过的“光环”不感兴趣，反而欣赏你离经叛道的个性，要求你有丰富的内涵和真知灼见的思想。与企业对人才的要求不同，对招聘者素质的排序则是：胆商、智商和情商。

作为青年人，一方面要通过学习和实践不断增长智慧，另一方面还要永远保持冒险精神。自卑自忧、谨小慎微并不是成功者的品质；裹足不前、举棋不定，只能在当今瞬息万变的社会中被淘汰出局。

成都人王克信奉“胆大走四方，危险出商机”的理念，他勇敢地冲出国门，把生意做到了动荡不安的柬埔寨，做到了炮火纷飞的伊拉克。因为“胆大妄为”，他在短短的几年时间内积累了数千万资产。

当兵退伍后的王克被安排到政府机关工作。可是王克并不满足，渴望冒险的他觉得每天待在按部就班的机关里太没劲儿了，终于在1994年，王克辞职自谋生路了。

初到柬埔寨，王克把目光锁定在生活用品的贸易上。为了减少开支，他每天骑着自行车四处推销。在推销过程中，王克还冒着风险赊货给客商，销售额由此翻了好几番。从那以后，王克给一些大酒店、大超市送货都是自己亲自开车去。有一次，在送货的过程中，王克遇到了警察与偷车贼的枪战，一颗呼啸而过的子弹距他的脑袋只有10厘米远。虽然这次冒险让王克自己都后怕了好几天，但他做生意极高的信誉度却由此出了名。

几年下来，王克的总资产达到了500多万美元。但王克并没有满足，而是将眼光放到了战火纷飞的伊拉克。从战争打响的第一天开始，王克就开始往返于成都和伊拉克的周边国家，源源不断地向伊拉克输送生活物资。那时候，经常有不知从哪里飞来的流弹从他身边擦过，而火光和爆炸声更是近在咫尺。许多当地的生意人都经受不了这种时时威胁的死亡恐惧而躲避起来了，但王克却一直坚守在这片硝烟弥漫的土地上。王克认为，如果一个商人怕冒风险，那还叫什么商人？

任何领域的领袖人物，他们之所以能够成为顶尖人物，正是由于他们勇于面对风险。人要有冒险的勇气、行动的勇气。假如你不尝试，你就不会真正知道自己是什么，更不会知道自己到底要什么。茫茫世界沉浮不定，向未来进发，有坎坷，也有阴晦，深一脚浅一脚，虽然有危险，但这却是在有限的人生道路上通往成功与幸福的捷径。

如果认为去冒险将是用自己现有的安逸去交换充满未知的将来，但同时也要意识到这将是一次实现跨越的绝好机会。有限度地承担风险，无非带来两种结果：成功或失败。如果我们获得成功，我们可以提升至新领域，显然这是一种成长；就算我们失败了，我们也很快可以清楚为什么做错了，学会以后该避免怎么做，这也是一种成长。

世上大多数人不敢走冒险的捷径。他们熙来攘往地拥挤在安全的大路上，四平八稳地走着，这路虽然平坦安宁，但他们永远也领略不到奇异的风险和壮美的景致。这种人生是什么样的人生呢？这是一种难以逃避的风险，是一种越来越无力改善现状的风险。

经常冒险可以保持自己对生活的持续热情和永不衰减的情趣感，在这种习惯中，你将拥有永葆活力的生活。勇于冒险求胜，我们就能比想象的做得更多、更好。生命运动从本质上说就是一种探险，如果不去主动地迎接风险的挑战，就会被动地等待风险的降临。

险中有夷，危中有利

成就赢家的因素很多，既需要智慧和运气，同时更需要冒险。如果你不想一辈子平庸无奇、碌碌无为，那么，你不妨鼓起勇气，来一次有胆有识的冒险行动。

敢于冒险，这是成功的变化手段。商业社会中，到处都充满了竞争，充满了挑战。一个企业，若想在这波涛汹涌的商潮中自由穿梭，就非得有冒险的精神不可。现在甚至有人认为，成功的主要因素便是冒险，做人则必须学会正视冒险的正面意义，并把它视为成功的必要条件。

比亚迪股份有限公司总裁王传福原是一文不名的农家子弟，他在 37 岁便成为饮誉全球的“电池大王”，坐拥 3.38 亿美元的财富。是什么成就了他青年创业的神话，成为商界奇才的呢？很多人认为是智慧、干练和汗水，而他自己则认为,“最关键的是要有冒险精神”。

比尔·盖茨靠什么建立了他的微软帝国?他为何在竞争激烈的现代经济中独占鳌头而历久不衰?在比尔·盖茨看来,成功的首要因素就是冒险。在任何事业中,如果把所有的冒险都消除掉的话,自然也就把所有成功的机会都消除掉了。他一生中都保持着强烈的冒险天性。他甚至认为,如果一个机会没有伴随着风险,这种机会通常就不值得花心力去尝试。他坚定不移地认为,敢冒险才有机会,正是有风险才使得事业更加充满跌宕起伏的趣味。

我们说一件事情有风险,往往就意味着完成这件事困难比较大,不确定因素比较多,而保险系数比较小。因此,人们一般不愿冒险,可是成功的人往往喜欢冒险,因为他们知道:风险就如一个险滩,渡过了这个险滩,就会风平浪静,就会尝到胜利的喜悦。第一个吃螃蟹的人,往往能成为一个成功者。在勇冒风险的过程中,这种经历会不断地向我们提出挑战,不断地奖赏我们,也会不断地使我们恢复活力。

19 世纪 80 年代,约翰·洛克菲勒已经以他独有的魄力和手段控制了美国的石油资源,这一成就主要受益于他那从创业中历练出来的预见能力和冒险胆略。

1859 年,当美国掘出第一口油井时,洛克菲勒就从当时的石油热潮中猜到了这项风险事业是有利可图的。他在与对手争购安德鲁斯公司的股权中表现出了非凡的冒险精神。拍卖从 500 美元开始,洛克菲勒每次都比对手出价高,当达到 5 万美元时,双方都知道,标价已经大大超出石油公司的实际价值,但洛克菲勒满怀信心,决意要买下这家公司。当对方最后出价 7.2 万美元时,洛克菲勒毫不迟疑地出价 7.25 万美元,最终战胜了对手。

19 世纪 80 年代,利马发现一个大油田,因为含碳量高,人们称之为“酸油”。当时没有人能找到一种有效的办法提炼它,因此一桶只卖 15 美分。洛克菲勒预见到这种石油总有一天能找到提炼方法，坚信它的潜在价值是巨大的，所以执意要买下这个油田。当时他的这个建议遭到董事会多数人的坚决反对。洛克菲勒说："我将冒个人风险，自己拿出钱去购买这个油田，如果必要，拿出200万、300万。"洛克菲勒的决心终于迫使董事们同意了他的决策。

结果，不到两年时间，洛克菲勒就找到了炼制这种酸油的方法，油价由每桶15美分涨到1美元，标准石油公司在那里建造了当时世界上最大的炼油厂，赢利猛增到几亿美元。

风险与机遇总是联系在一起，在关键时刻把握机遇必能成功。风险可能会导致你失败，但如果你能化险为夷，那么你获得的回报将远远比不冒风险做事所取得的回报要高得多。敢于冒险总比坐以待毙要强许多，要成功就要有冒险精神，所有新生事物的诞生，都是机会和风险的选择，不冒险、不尝试，就难以抓住机会，从而就不能获得经验和教训。经验和教训越多，为自己储备的能量和力量就越多，通往成功的巅峰就越近。所有的第一都是来自于敢于冒险、勇于冒险、通过冒险获得成功的人，虽在冒险中也付出了牺牲和代价，但最终获得了成功。要成功就要有冒险精神。

险中有夷，危中有利，要想有卓越成就就应当敢冒险。作为商人，既有成功的欲望，又敢于冒险，就能够实现任何伟大的目标。如果你没有冒险精神，只愿意四平八稳地走在平坦的大道上，那么，你就永远也成不了翱翔于蓝天的雄鹰，只能做一只在草丛里扒食的小鸡。

只有打破常规，才有新天地

一个人要想取得成功，必须敢于打破常规，不受常规的束缚。这样，你就可能发现一片新天地，你就可能获取到那些在常规中得不到的绚丽瑰宝。

在漫长的人生路上，多数人就像在磨道里拉磨一样，永无休止地在一个环形道上走着，走完一圈再走下一圈，直到生命的最后一刻。有一些聪明人，他们不甘于在这种环形路上重复地走下去，他们另外开辟了一条路子。于是他们走出了圈外，于是他们看到了更多的别人没看到的事物，得到了更多别人没有得到的东西。相比之下，他们的见识超过了常人，他们的财富超过了常人，他们便成了成功者。

要知道，上天总是把最美的果实留给那些敢为人先者。正因为他们能想别人不敢想的事，敢做别人不敢做的事，老天才慷慨地将成功机会一次又一次地给了他们。每个人都有自己的路，不要跟从别人的脚步，不要做与别人一样的事情，不要走与别人相同的路。要知道，在这个世界上，没有任何成功者的人生是一样的。当你找到属于自己的路，开始做别人不敢做的事时，你就踏上了成功的捷径。

邓国顺 1967 年出生于石门县一个贫苦农民家庭。1989 年，邓国顺于中山大学毕业后，当时赫赫有名的万宝冰箱厂录用了他。当时工厂付给他令人眼红的 400 元月薪。但三个月后，他却放弃了这份来之不易的高薪工作，离开单位去读中科院的研究生。

人们都以为获得硕士文凭之后，他会找一个比万宝冰箱厂更高薪酬的工作，谁知三年后他到联想公司，得到的月工资是 300 元。有人问他："你读了三年书，现在和在万宝冰箱厂有什么差别？"他笑而不答。

一年后，他拿着中山大学本科、中科院硕士学历在联想工作一年的学习工作简历，应聘于新加坡的一家多媒体公司，从 30 个中国面试者中脱颖而出，拿到相当于 1 万元人民币的薪酬，开始了为期 6 年的异国打工生活。

邓国顺来到新加坡后，先后在 3 家软件公司任职，后来还进了世界名企飞利浦亚太地区总部。在国外打工期间，他对企业的运转和流程等方面的知识作了详尽的了解，他觉得这些知识今后一定能派得上用场。

在新加坡，他认识了一位同行，两人一拍即合，合资在当地开办了公司。他又一次炒了自己的鱿鱼。那次创业九死一生，许多人对此感到不解，有好工作，有好前程，为什么总要把自己从浪峰推向谷底。但是他义无反顾地做了。

对于邓国顺，几乎可以用“奇迹”来形容，他一次次把自己推向“绝境”，每次都从绝境中脱颖而出。但是如果把他的经历串联起来，你就会发现，他一开始的目标就十分明确，他所走的每一步，都成了他的基石。

成功的路有千万条，但没有一条是相同的。人心各有一道，只有走自己的路，才能抵达成功的彼岸。走自己的路，就意味着走与众不同的路，步人后尘不会拥有光辉的前景，另辟蹊径才可能会开拓出一个崭新的未来。因为没有哪一个人的成功之路是别人给开辟的，也没有哪一个人的成功之路是上天打造的现成的风光之旅。

别人没做过，不等于不能做。在竞争激烈的市场经济中，一定要有“敢为天下先”的勇气和魄力，特立独行才有可能脱颖而出。要想以最短的时间达到自己内心的愿望，就需要一种特立独行的精神。要想拥有巨大的财富，就必须具有独特的眼光、敏锐的观察力，想前人所不敢想，做他人不愿做的事情。

1982 年，在美国《幸福》杂志上所列的全美 500 强大企业名单里，赫然跃上了一个名不见经传的电子工业公司——苹果计算机公司。一年之后，奇迹再次发生。年轻的苹果计算机公司青云直上，一举跃到了第 291 位，营业额达 9.8 亿美元，它的迅速发展引起了美国企业界的极大关注。是谁采用了什么策略取得了如此大的成绩?

领导这家公司的是两位年轻人——史蒂夫·乔布斯和斯蒂芬·沃兹奈克。当时，在美国，许多计算机生产厂家都把研制和生产的重点放在大型计算机上，史蒂夫和斯蒂芬却决定另辟新路，将注意力集中到个人计算机上。经过长期艰苦的努力，他们终于在 1976 年研制成功了一台家用电脑，命名为“苹果 1 号”。当他们把这台电脑拿到俱乐部去展示时，立刻吸引了不少电脑迷，他们纷纷要掏钱购买，一下子就订购了50台。从此，局面打开了，他们的订单源源不断地涌来。这样，1977年，“苹果计算机公司”正式宣告成立。

到1981年，苹果计算机公司生产的个人计算机占据了美国市场上个人电脑总销售量的41.2%。在畅销书《硅谷热》中，对于苹果计算机公司发迹和崛起的速度极为赞叹，认为：“一家公司只用了5年时间就有资格进入美国最大的500家企业公司之列，这还是有史以来的第一次。”

聪明的人都不喜欢与别人走相同的路，他们的高明之处就在于能够把小机会变成大机会，把大机会变成更大的机会。他们不随大流，眼光独到，另辟蹊径，在别人还“没睡醒”之前早已把赚来的钱塞进了自己的口袋里。

爱因斯坦说：“想别人不敢想的，你已经成功了一半；做别人不敢做的，你就会成功另一半。”若要使自己卓然于众人之列，就要懂得从看似普通的事物中看出不寻常，懂得想前人所不敢想。只有这样，才能比别人站得更高，比别人走得更快。

所以，一个人要想取得成功，必须敢于打破常规，不受常规的束缚，从常规中走出来，从世俗中走出来。若能做到这一点，你就可能发现一片新天地，你就可能获取到那些在常规中不断转圈的人所得不到的绚丽瑰宝。

你的未来有赖于眼光的指引

一个人要想在纷繁复杂的社会上做成事业，取得成功，就必须有独到的眼光，而眼光之高远必须基于见识之不凡。俗话说“远见卓识”、“站得高，看得远”。这都充分说明了见识的重要性，也说明一个人的成功与其见识的高低是分不开的。

“月晕而风，础润而雨”。任何问题的发生，祸福的降临，总会有预兆的。见识高的人总是能透过现象看到本质；通过问题的蛛丝马迹，看到问题的实质；从问题的苗头，看到问题的发展趋势。而见识低的人、看问题浅薄的人，只能停留在外表现象上，被问题的表象所蒙蔽。所以，世人都说：经历得多，才能见得广。也就是说，一个人的思想水平和智慧水平与他的经历是有直接关系的，同时，一个人的见识又直接影响其做事的方法和门道。

被誉为“经营之神”、“塑胶大王”的王永庆是上世纪台湾私营企业的佼佼者，是著名的石化工业界的“霸主”。王永庆领导的台塑发展到今天石化工业的霸主，没有相当的远大见识是不可想象的。一些企业在不景气的时候都以压缩投资、减少生产来摆脱困境，而王永庆却有超人的气魄、与众不同的见解。他说：“经济不景气的时候，可能也是企业投资与扩展计划的适当时机。”在台塑建成初期，这家企业生产的 PVC 塑胶粉卖不动，主要原因是客户对台塑产品的质量不了解，所以造成积压。而王永庆以过人的胆识和远大的经营策略，不仅不退缩，反而决定扩大生产能力，日产量由原来的 100 吨增加到 200 吨，实现了规模生产，使生产成本大大降低，销售价格也随之下降。这一来，产品不仅没有积压，而且很受欢迎。

1980 年，美国石化工业普遍陷入低谷，许多石化厂因此而关闭停产。而王永庆这时却偏偏到美国投资建石化厂，同时还买下两个石化厂、几个 PVC 加工厂。王永庆用这一招确实又得到了丰厚的回报，令他的同行们羡慕不已。

越是情况纷繁复杂，越能显现出一个人见识的高远来。见识低的人，在纷繁复杂的情况下，会弄得焦头烂额，手足无措；而见识高的人，不但面对复杂的情况游刃有余，应对自如，而且能从中看到潜在的机遇、成功的曙光。

只有看到别人看不见的事物的人，才能做到别人做不到的事情。远见是成功者必备的素质之一，每一个渴望成功的人都要有意识地培养自己的远见能力。如果你有远见，那么你实现目标的机会就会大大增加。美国商界有句名言：“愚者赚今朝，智者赚明天。”一切成功的企业家，每天必定用 80%的时间考虑企业的明天，20%的时间用于处理日常事务。着眼于明天，不失时机地发掘或改进产品及服务，满足消费者新的需求，就可能会独占鳌头，形成“风景这边独好”的佳境。

船王包玉刚进入船运业的时间是1955年，当时他用20多万元买了一条旧船——“金安号”。这一惊人之举遭到了几乎所有亲友的强烈反对，因为船运业不仅需要庞大的资金，而且风险极大。但是，包玉刚力排众议，毅然投身船运业。因为，他看到了在港经营船运的巨大潜力。

香港有天然的深水泊位和充足的码头，香港平静的海面，为国际贸易提供了可靠的大门。第二次世界大战之后，世界经济复苏，各地之间的贸易往来增多。“船运是最廉价的一种运输方式，必将大有作为。”包玉刚坚定地这样认为。

正是这种高瞻远瞩让包玉刚有了巨大的收获。到1978年，包玉刚经过20多年的苦心经营，已拥有50多条船、2000万吨运输能力的庞大船队，荣登世界船王宝座。但就在此登峰造极之时，包玉刚又做出了令全球惊讶的决定：减船登陆！因为他又以极其敏锐的眼光，预见到世界性的船运衰退即将到来。于是，他当机立断，及时卖掉了相当部分的船只，这使他顺利地逃过了后来船运大萧条时期的灾难。

远见会给你带来巨大的利益，会为你打开机会之门。远见会增强你人生发展的潜力，一个人越有远见，他就越有潜能。一方面，远见会赋予你成就感，赋予你乐趣。另一方面，远见会给你的工作增添价值。当我们的工作是实现远见的一部分时，每一项任务都具有价值。哪怕是最单调的任务也会给你满足感，因为你看到更大的目标正在实现。

生存的价值和质量是由我们所做的事情决定的，此时此刻你所做的事，就决定了你的生命是留在原地还是迈向未来。所以，对每一个人来说，最重要的不是我们现在处身于何处，而是我们的想法是什么，我们的事业方向在哪里，我们的宏观格局在哪里。

行动来自于理念的导向，未来有赖于眼光的指引，对于人来说，只有想不到的，没有做不到的。不要忽视眼光和理念的价值，它常常是人成功与失败的分水岭。霸气的人，都具有目光远大、志存高远的胸襟，他们总是立足当前，为企业的未来勾画蓝图。在商云变幻之际，只有敏锐地透视未来，准确地预测走势，果敢地决断风险，才能先人一步，取得成功。

只有审时度势才能做冒险的行家

在创业的过程中，只有胆量还不够，同时必须武装自己的头脑。要审时度势，做冒险的行家，既要有敢于冒险的精神，又要有不滥冒险的智慧。

人类社会要不断进步，就需要不断征服，需要闯劲，需要冒险，需要不怕危险的精神和勇气。不管是男人还是女人，若要改变自己的生活，总是要有一些胆量的。香港靓美服饰集团的副总裁认为："胆量具备与否，实际上是一个人思考能力和人格魅力的表现。"

任长霞生前在一次接受媒体采访时说："刚刚参加工作的时候我也是胆子比较小。有一次审讯一个女犯人，她问我多大了，我说我 19 了。她问我结过婚没有，我说没结过婚。没结过婚就别问我，你问我你会学坏的。说得我脸通红，当时就觉得自己怎么那么笨呢！而且说话声小得像苍蝇。从那以后我就觉得自己应该刻苦地去钻研业务，对犯罪分子心理应该认真地去研究揣摩，这样你才能够战胜他。"

作为一个有成就的霸气者，最需要的莫过于超人的胆量，而敢于冒险则是他重要的品质。所谓冒险就是做常人不敢做的事，做这个事往往要付出代价，而这个代价是常人不敢付出的。这代价就是风险。风险意味着机遇，意味着财富。一个人创业成功与否，在一定程度上说，就看一个人是否具有抓住机遇的胆量和气魄。安于现状，不敢冒险，是不可能成为大富大贵之人的。

福勒是美国一位黑人佃农 7 个孩子中的一个，他决定选择经商作为生财的一条捷径，他后来选择经营肥皂。首先，他采取推销的方法，挨家挨户销售肥皂达 12 年之久。后来他获悉供应他肥皂的那个公司即将拍卖，他决定买下这家公司。但他在过去多年的经营中，仅积蓄了 2.5 万美元。最后双方达成协议：他先交 2.5 万美元的保证金，然后在 10 天的期限内付清剩下的 12.5 万美元，如果他不能在 10 天内筹齐这笔款子，就会丧失已交付的保证金，也就是说他将倾家荡产。

福勒用尽了自己所能筹集到的一切贷款后，仍差 1 万美元。夜里 11 点钟，福勒驱车沿芝加哥 61 号大街驶去。驶过几个街区后，他看见一所承包商事务所亮着灯光，他走了进去。在那里，在一张写字台旁坐着一个因深夜工作而疲乏不堪的人，福勒意识到自己必须勇敢些。

“你想赚 1000 美元吗？”福勒直截了当地问道。这句话把那位承包商吓得向后仰去，“是呀，当然！”他答道。“那么，给我开一张 1 万美元的支票，当我奉还这笔借款时，我将另付 1000 美元利息。”福勒对那个人说。他把其他借款给他的人的名单给这位承包商看，并且详细地解释了这次商业冒险的情况。

那天夜里，福勒在离开这个事务所时，衣袋里已装了一张 1 万美元的支票。以后，他不仅在那个肥皂公司，而且在其他 7 个公司，包括 4 个化妆品公司、一个袜类贸易公司、一个标签卡公司和一个报馆，都获得了控股权。

福勒成功了，这在很大程度上归功于他冒险的勇气与他的智慧。成功属于那些有胆量的人，同时也启迪着急于在市场上求利获益的人们：机遇来临时要敢冒风险，不要因不愿承担风险而失去机会。敢于冒险、善于冒险是商人的本色。成功的商人从冒险中不仅体会到了成功的喜悦，也体味到了人生的酸甜苦辣。

成功一定要冒险，但冒险不一定成功，冒险一定要冒对的风险。真正有胆有识的人，懂得什么时候是尝试的时机。“该出手时才出手”是一种较高的胆识，它包含两方面的意思：该出手时绝对不能退缩，不能有半点儿畏惧之心；不该出手时绝不出手。从表面上看，这好像是一种近乎懦弱的表现，其实它是一种超越，是能够明察真相的胆略。高胆商的人明白什么可为，什么不可为。什么都不敢为的人，是一个怯弱的人，这种人不会成为赢家；什么都敢为的人，也不见得是高胆商的人，充其量只是一个鲁莽之人，这种人也不可能成为赢家。勇敢和冲动，虽然只是“失之毫厘”，却可能会导致结果“谬以千里”。

美国可口可乐公司的前任董事长伍德拉是位极保守的金融家，他一生最厌恶负债。他的谨慎策略使可口可乐在经济大萧条中免受灭顶之灾，但也因此产生副作用，使可口可乐公司长期得不到发展，不能进入美国特大公司之林。

后来，戈苏塔担任了公司董事长的职务，一改前任的作风，看准方向，大举借款。他接手时，可口可乐公司的资本中不到2%是长期债务，从那以后，戈苏塔把长期债务猛增到资本的18%，这种举动使同行们大惊失色。戈苏塔用这些资本来改建可口可乐公司的瓶装设备，并大胆投资于哥伦比亚影片公司。他说：“要是看准了兼并对象，我并不怕增加公司的债务负担。”这种不怕负债的胆略将可口可乐公司从困境中解脱出来，公司的利润一下增加了20%，股票价格也开始上涨。

戈苏塔不怕负债的勇气来自于他的胆量、智慧和看准方向。他不是盲目地滥借债款，加重企业负担，而是将债款用到生产的关键环节上。这样，暂时的借款就会赢得长期的赢利。如果畏首畏尾，不敢冒借债的风险，企业就会永远失去发展的机会。

在创业的过程中，只有胆量还不够，同时必须武装自己的头脑，深入调查，瞄准发展机会，做出慎重的选择后再放开胆量，创造条件，取得最后的胜利。若没有理性的分析思考，没有独具慧眼的本事，最好先按兵不动，不要冒九死一生的危险。这也就是说，要审时度势，做冒险的行家，不做冒险的失败者；既要有美国人敢于冒险的精神，又要有中国哲人的智慧。

第五章

【高调的激情】

积极投入人生，你会发现不一样的自己

要想获得这个世界上的最大奖赏，你必须拥有将梦想转化为全部有价值的献身激情，来发展和推销自己的才能。在生活中，最大的挑战就是保持对生活的激情，永远让炽热的火焰燃烧，并且保持这种高昂的斗志，赢得这一切，就赢得了世界。

再坚硬的冰也会融于热情

热情是高效率工作的动力，是创造辉煌业绩不可缺少的品质。热情会在你的内心形成一种习惯，它有助于你摆脱怯弱心理的羁绊，走向成功的坦途。

热情是什么呢？当你心中有一个你深信不疑的目标时，当你努力工作寻求实现自己的理想时，你便精神百倍、朝气蓬勃地投入生活，这时你便有了热情。热情是一种思考和接近目标的原动力，它使你保持这样的信念：生活是美好的，成功总有路。当你充满热情的生活态度时，就不会只看到事情坏的一面，你注重的是事情好的一面，你会在每件事、每个人身上发现一切闪光的东西。

心理学家认为，热情的人之所以被人们喜欢，是因为热情的品质包含了更多的个人内容，它让人们联想到与之相关的其他优良品质和特性，这正是"光环效应"的反映。一旦我们被热情所吸引，我们就会认为热情的人真诚、积极、乐观。热情感染着我们的情绪，带给我们美妙的心境，让我们感到愉快和兴奋。热情能带来幸运，因为人们都喜爱热情的人，对他们也宽容，容易满足他们的要求。

1946年，美国心理学家所罗门·阿希做了一个心理学上著名的实验，被称为"热情的中心性品质"实验。他列出有关人格的六项品质，包括：聪明、熟练、勤奋、热情、实干和谨慎，给一组被试者。同时，他给另一组被试者几乎同样的6项品质，不同的是仅仅把"热情"换成了"冷漠"，要求两组被试者对表中的人做一次详细的人格评定，阿希教授让被试者说明，他们希望这两组具有几乎相同品性的人具有什么样的其他品质。

答案出来了，仅仅是一个"热情"与"冷漠"的区别，具有"热情"品质的人，受到了被试者的衷心喜爱，人们慷慨地用各种优秀的品质描述他。而那个"冷漠”代替了“热情”品质的人，遭到了人们的敌意和仇恨，被试者把各种恶劣的品质统统都罗列在他的“冷漠”品质之下。

这项实验证明，在人类的品质描述中，热情和冷漠成为人类品质的中心，它决定了一些其他相关联的品质，它包含了更多有关个人的内容。因而，热情和冷漠被称为是中心性品质。

人的情绪是会被感染的，你快乐，所以我快乐。如果你没有热情，你就不能打动人。人们喜欢改变他们情绪状态的人。一个人充满热情并不仅仅是外在的表现，它会在你的内心形成一种习惯，然后通过你的言谈举止不自觉地表现出来，从而影响他人。这种习惯没有什么东西可以阻止，它有助于你摆脱怯懦心理的羁绊，走向成功的坦途。

热情是获得成功的最大要素。在人数众多的团队当中，很多人因为热情使薪水一再增加。但同时也有很多人因为缺乏热情，慢慢地走向一败涂地的境地。每个人的内心都有着热情，但是能好好利用这份热情来执著于目标的却不多。热情是实现目标最有效的方式，只有对自己的愿望怀有热情的人，才有可能把目标变为现实。

作为美国前职业棒球明星，威廉·怀拉在40岁时因体力不济而告别体坛另谋生路。他琢磨着，凭自己的知名度去保险公司应聘推销员不会有什么问题。可结果却出乎意料，人事部经理拒绝道：“吃保险这碗饭必须笑容可掬，但你做不到，无法录用。”

面对冷遇，怀拉没有打退堂鼓，他决心像当年初涉棒球领域那样从头开始学习“笑”。由于天天要在客厅里放开声音笑上几百次，邻居产生误解：失业对他刺激太大，他神经出了问题。为了不干扰邻居，他只好把自己关进卫生间里练习。

过了一个月，怀拉跑去见经理，当场展开笑脸。然而得到的却是冷冰冰的回答：“不行！笑得不够灿烂。”

怀拉天生就是一个执著的人，他回到家里继续苦练起来。一次，他在路上遇见一个熟人，向对方非常自然地笑着打招呼。对方惊叹道："怀拉先生，一段时日不见，您的变化真大，和以前判若两人了！"

听完熟人的评论，怀拉充满信心地再次去拜见经理，笑得很开心。

"比以前好点儿了。"经理指出，"然而还不是真正发自内心的那一种笑。"

怀拉不气馁，再接再厉，最后终于如愿以偿，被保险公司录用。在这位昔日棒球明星严肃冷漠的脸庞上，绽放出发自内心婴儿般的笑容。那笑容是那样天真无邪，那样讨人喜欢，令顾客无法抗拒。就是靠这张并非天生而是苦练出来的笑脸，怀拉成了全美推销保险的高手，年收入突破百万美元。

威廉·怀拉发自内心地说："人是可以自我完善的，关键在于你的热情。"

任何人都会有热情，不同的是，有的人只有30分钟的热情，有的人的热情可以保持30天，而一个成功者却能让热情持续30年乃至终生。热情激发出我们的潜能，让我们发挥出无穷的活力，是热情让怀拉笑迎挫折，最终成功。

汤姆·彼得在他的《追求尽善尽美》一书中说过："一流的表现不是枯燥呆板的，它应该是充满活力和热情的。"当你兴致勃勃地工作、并努力使自己的老板和顾客满意时，你所获得的利益就会增加。在你的言行中加入热情，热情是一种神奇的要素，吸引具有影响力的人，同时也是成功的基石。

一个人如果缺乏热情，那是不可能有所建树的。作家爱默生说："热情像糨糊一样，可让你在艰难困苦的场合里紧紧地粘在这里，坚持到底。它是在别人说你'不行'时，发自内心的有力声音——'我行'。"

世界为真正拥有热情的人大开绿灯

热情，是一种高度积极自觉的状态，它能把人身上每一个细胞都调动起来，为了目标而工作。当人有无限热情时，任何的困难都会被热情溶化，使他可以成就任何事情。

爱默生说："没有热情，任何伟大的业绩都不可能成功。"不少人失败的原因，不是没有能力，也不是没有机会，而是失去了热情。人们常说，热情大于本领。热情就像火种，它能点燃人身上的潜能，让人所有的智能充分地发出光来。

热忱，是所有伟大成就的取得过程中最具有活力的因素。它融入了每一项发明、每一幅书画、每一尊雕塑、每一首伟大的诗、每一部让世人惊叹的小说或文章当中。热忱是战胜所有困难的强大力量，它使你保持清醒，使全身所有的神经都处于兴奋状态，去进行你内心渴望的事，它不能容忍任何有碍于实现既定目标的干扰。

希尔顿根据自己的经验指出，热忱是完成任何一件事所必不可少的条件。或许你确有才华，但才华也必须借助热忱的精神，才能发挥尽致。热忱是一种无穷的动力。

1907 年，法兰克·派特刚转入美国职业棒球界不久，就遭到有生以来最大的打击，因为他被开除了。球队的经理对他说："你这样慢吞吞的，哪像是在球场混了 20 年？法兰克，离开这里之后，无论你到哪里做任何事，若不提起精神来，你将永远不会有出路。"

法兰克离开原来的球队之后，参加了亚特兰斯克球队，月薪从 175 美元减为 25 美元。薪水这么少，法兰克做事当然没有热情，但他决心努力试一试。待了大约 10 天之后，法兰克被一位队员介绍到了另一个队。

加入该队的第一天，法兰克就决心变成最具热忱的球员。法兰克一上场，就好像全身带电。他强力地投出高速球，使接球的人双手都麻木了。有一次，法兰克以强烈的气势冲入三垒，那位三垒手吓呆了，导致球漏接，法兰克盗垒成功了。当时气温高达39℃，法兰克在球场奔来跑去，极可能因为中暑而倒下去，在过人的热忱支持下，他挺住了。这种热忱所带来的结果，真令人吃惊。

第二天早晨，法兰克读报的时候，兴奋得无以复加。报上说：那位新加入进来的队员，无疑是一个霹雳球，全队的人受到他的影响，都充满了活力。他们不但赢了，而且是本赛季最精彩的一场比赛。

由于热忱的态度，法兰克的月薪由25美元提高为185美元，多了7倍。

在往后的两年里，法兰克一直担任三垒手，薪水加到30倍之多。为什么呢？法兰克自己说：“这是因为一股热忱，没有别的原因。”

后来，法兰克的手臂受了伤，不得不放弃打棒球。接着，他到一家人寿保险公司当了保险员，整整一年多都没有什么成绩，因此很苦闷。但后来他又变得热忱起来，就像当年打棒球那样。

再后来，他是人寿保险界的大红人。不但有人请他撰稿，还有人请他演讲自己的经验。他说：“我从事推销已经15年了。我见到许多人，由于对工作抱着热忱的态度，使他们的收入成倍数地增加起来。我也见到另一些人，由于缺乏热忱而走投无路。我深信唯有热忱的态度，才是成功的最重要因素。”

热忱是一种自发的力量，它又是帮助你集中全身的力量去投入到某一事情的一种能源。它能使你在困难重重的时候，毫不畏惧，克服重重困难，创造出奇迹。通常，一个成功者和一个失败者的技艺、能力和才智差异并不很大。假使有两个人，以同等的能力、才智、体力与其他的重要质性开始做某一件事时，会出人头地的是那个满腔热忱的人。同时，一个能力平平却抱持着热忱的人，往往能超越一个能力很强却毫无热忱的人。

成功，与其说是取决于人的才能，不如说取决于人的热忱。世界为那些具有真正热情的人大开绿灯，到生命终结的时候，他们依然热情不减当年。无论出现什么困难，无论前途看起来是多么的暗淡，他们总是相信能够把心目中的理想变成现实。

用高昂的斗志赢得一切

在我们的生活中，最大的挑战就是保持对生活的激情，永远让炽热的火焰燃烧，并且保持这种高昂的斗志，赢得这一切，就赢得了世界。

是什么东西能够激发一个人为了完成一件任务可以几天几夜不眠不休？可以承受几年甚至更长的时间，去做琐碎细致的工作而一直追求卓越？可以面对任何困难毫不退缩？可以面对无数次拒绝仍然不会放弃？可以不惜一切代价地去做事，不达目的绝不罢休？进取的激情可以让我们做到这一切。

激情具有伟大的力量，鼓动我们以更快的节奏迈向人生的目标。19世纪，英国著名首相狄斯雷利曾说过这样的话："一个人要想成为伟人，唯一的途径便是做任何事都得抱着激情。"保持激情的态度，你可以用表情、讲话及工作来达到这样的效果。切忌在浑浑噩噩中过日子，那不仅生活过得会很乏味，人生也会充满了贫瘠。如果做任何事情带着振奋与激情，它就会变得多彩多姿。

要想获得世界上的最大奖赏，你必须拥有将梦想转化为全部有价值的献身激情，来发展和推销自己的才能。满怀激情地投入工作，用激情去工作才能获得财富。当有人问亨利·福特的宝贝女儿夏洛特·福特，为什么她如此热衷于自己制作被认为是妇女时尚标准的时装时，她这样说："因为早上起床后有事做真是太棒了。"

任何一个对自己的想法充满激情的人，不管是因为什么原因，都会对这种想法由衷地感到激动。在我们的生活中，最大的挑战就是保持对生活的激情，坚定明确的奋斗目标，永远让炽热的火焰燃烧，并且保持这种高昂的斗志，赢得这一切，就赢得了世界。否则，只能以惨重的失败收场。

一位普通的清洁女工，竟然一跃而成为日本政府的主要官员——邮政大臣！说起来难以置信，可事实确实如此。

邮政大臣野田圣子的第一份工作是洗厕所，当时正值青春妙龄，来到东京帝国酒店当服务员。这是她涉世之初的第一份工作，也就是说她将在这里正式步入社会，迈出她人生的第一步。因此她很激动，暗下决心：一定要好好干！但她想不到，上司会安排她洗厕所！

洗厕所是在视觉上、嗅觉以及体力上都会使她难以接受的工作，心理暗示的作用更使她忍受不了。她用自己白皙细嫩的手拿着抹布伸进马桶时，立即感到反胃，翻江倒海，恶心得几乎想呕吐却又呕吐不出来，太难受了。而上司对她的工作质量要求特高，高得骇人：必须把马桶抹洗得光洁如新！

她当然明白光洁如新的含义是什么，她当然知道自己不适应洗厕所这一工作，真的难以实现光洁如新这一高标准的质量要求。因此，她陷入了困惑、苦恼之中，也哭过鼻子。这时，她面临着人生第一步该怎样走下去的抉择：是继续干下去，还是另谋职业！继续干下去——太难了！另谋职业——知难而退？人生之路岂有退堂鼓可打！她不甘心就这样败下阵来，因为她想起了自己初来时曾下过的决心：人生第一步一定要走好，马虎不得！

正在此关键时刻，同单位一位前辈及时出现在她面前，帮她摆脱了困惑、苦恼。但他并没有用空洞的理论去说教，只是亲自做了个样子给她看了一遍。

首先，他一遍遍地抹洗着马桶，直到抹洗得光洁如新。然后，他从马桶里盛了一杯水，一饮而尽喝了下去！同时，他送给她一个含蓄的、富有深意的微笑，送给她一束关注的、鼓励的目光。这已经足够了，因为她早已激动得几乎不能自持，从身体到灵魂都在震颤。她目瞪口呆、热泪盈眶、恍然大悟、如梦初醒！她痛下决心：就算一生洗厕所，也要做一名洗厕所最出色的人。

从此，她成为一个全新的、振奋的人；从此，她的工作质量也达到了这位前辈的高水平，当然她也多次喝过厕所水，为了检验自己的自信心，为了证实自己的工作质量；从此，她很漂亮地迈出了人生的第一步，从此她踏上了成功之路，开始了她的不断走向成功的人生历程。

有些人对生活和工作总是充满了激情，他们从不抱怨别人和生活、工作的环境，一旦选择了自己的事业，就会满怀激情地投入进去，用热情溶化前进途中的困厄、障碍，他们是真正拥有世界、拥有快乐的人。

人可以没有足够的金钱，可以没有功成名就的事业，但不能没有热情。年轻的锐气是有时限的，如果不好好利用，它就会在生活的重压下消磨殆尽。对于任何人来说，不管他现在的处境是多么恶劣，或者先天的条件是多么糟糕，只要他保持了高昂的斗志，热情之火仍然在熊熊燃烧，那么他就是大有希望的；反之，如果他消极颓废，心如槁木，那么，人生的锋芒和锐气就会消失殆尽，希望就会荡然无存。

渴望使你的生命活力四射

人生要想达到一定的境界，就必须充满渴望。你可以实现自己的一切愿望，只要你有强烈的渴望。让渴望占据你的内心，相信你的生命从此将会活力四射。

成功是蕴藏于心底的一份强烈渴望，甚至是一个梦想。渴望和欲念是卓越者成功不竭的原因所在。无论在什么境况中，他们都有继续向前行的信心和勇气，生命的生动在于他们永远不放弃。外界的压力，在当时看来似乎是一种灾难，但最终它是一种“营养”，因为它能激励你进取。总是生活在舒适、安逸的环境中，并不是最理想的人生归宿，因为它将消磨你的斗志，使你日渐堕落；生活在逆境中并不是坏事，它能让你产生忧患意识，激发你不断进取向上。

只要你所追求的东西是正当的，那么，拥有一份强烈的渴望对自己就是一件好事。要成功，你必须要有强烈的成功欲望，就像一个溺水的人有强烈的求生欲望，一个优秀的足球前锋最可贵的素质就是强烈的射门意识一样。

有一个年轻人想向苏格拉底学知识，苏格拉底就把他带到一条小河边，苏格拉底“扑通”一下就跳到河里去了。这个年轻人想：难道大师要教我游泳？这时，苏格拉底在水里向年轻人招了招手，示意他下来，年轻人便也糊里糊涂地跳下了水。

刚一下水，他的头就被苏格拉底摁到了水里，年轻人本能地挣扎出水面，苏格拉底又一次把他的头摁下去，这一次用的力气更大。年轻人拼命地挣扎，但刚一露出水面，又被苏格拉底死死地摁到了水里。这一次，年轻人可顾不了那么多了，死命地挣扎，浮出了水面后就不顾一切地往岸上跑。跑上岸后，他打着哆嗦对大师说：“大师，你要干什么？”

苏格拉底理也不理这位年轻人就上了岸。于是年轻人就追上去对苏格拉底说：“大师，您刚才的举动我还没有悟过来，能不能请您指点一下？”苏格拉底对他说：“年轻人，如果你真的要向我学知识，你必须有强烈的求知欲望，就像你有强烈的求生欲望一样。”

我们每一个人都有无限的潜能，只是有太多的人在命运的役使下把这些潜能磨蚀了，那些成功人士为什么能够成功？是因为他们发挥了自己的潜能，在通往成功的路上，他们强烈的渴望成为他们克服困难与挫折唯一的精神武器。他们渴望成功，他们渴望站在山顶，他们渴望最先看到日出，他们渴望一览众山小。遵从内心的渴望，可以让我们发现自己的内心，坚持内心的渴望并实现它，可以让我们找到自尊。

要获得一个良好的心理状态，寻求心理上的动力，很重要的一点就是要始终保持一个成功者的渴望，设定自己是个成功的人物，这样，你就会发挥出极大的热情去面对前进道路上遇到的种种艰难险阻。虽然你还未成功，但这种自我造就的心理成就感会促使你朝着成功的目标迈进。

美国钢铁大王卡内基，少年时代从英格兰移民到美国，他当时真是穷极了，正是“我一定要成为大富豪！”这样的渴望，使得他于19世纪末在钢铁行业大显身手，而后涉足铁路、石油，成为商界巨富。

美国著名的田径选手卡尔·刘易斯，在1984年洛杉矶奥运会开幕前就向新闻媒介透露，他立志要夺得4枚金牌并打破欧文斯数年前创造的“神话”。结果，他最终如愿以偿。

你可以实现自己的一切愿望，只要你有强烈的渴望。当人有了某种愿望后，就要去渴望达到或追求实现这些愿望，而不要总是找理由来放弃自己的追求。有欲望的人才会成功，我们要做的就是要把这种欲望转化为熊熊的火焰，让火焰把自己燃烧起来。火热的欲望产生激情，无限的激情造就卓越。

是的，生活需要一些渴望，需要不断展现自己。没有渴望就没有全新的体验，犹如一潭死水，激不起半点儿涟漪。尽管一生富贵未必就是一种幸运，但一生平淡无疑也是一种遗憾。

容易成功的人向往激情的人生，乐于在前进路上披荆斩棘，乐于在航海途中劈波斩浪。他们知道，即使不成功，人生也是充实的，等到暮年回忆往事时，便不会伤感，也不会空留遗憾。

无论你活得充实还是平淡，无论你将变得杰出还是平庸，这一切都取决于一个意念，取决于你心中的渴望。从今天开始，告诉自己每天都要充满渴望地投入到工作中，让渴望占据你的内心，相信你的生命从此将会活力四射。

不是没有乐趣，而是缺少发现乐趣的心

如果把工作当成一种乐趣，那么人生就是天堂；如果把工作当成一种义务，那么人生就是地狱。要把工作融入我们的心中，用最快乐的心去感受这种生活中的必需。

很多人工作以后往往发现，工作并不像自己以前想象得那般美好，那般充满乐趣，冷不丁就会遭遇一些烦恼甚至痛苦的事。你似乎很有理由质问自己：总被一些烦心的事情纠缠着，能快乐起来吗？如果你的眼光只关注一些烦恼的事情，你肯定很难快乐起来。你之所以不快乐，就是因为没有去关注那些快乐的事，去挖掘那些能让你快乐起来的事。

快乐的秘诀，不是做自己喜欢的事，而是去喜欢自己做的事。喜欢自己做的事，可以说是一个人成就大事业、建立大功勋的基石。在任何情形之下，你都不可以对工作产生厌恶感。若你为环境所迫，只能做些无趣的工作，你也要努力设法从这乏味的工作中找出些乐趣、意义来。要知道，只要是应当做而又必须做的工作，不可能是完全无意义的。这由你对待工作的精神状态好坏而定。良好的精神，会使一切工作都成为有意义、有兴趣的工作。

美国第一位亿万富翁、石油大王洛克菲勒由衷地喜欢自己做的事，他曾这样说："我永远也忘不了我做的第一份工作——簿记员的经历。那时，我虽然每天天刚蒙蒙亮就得去上班，而办公室里点着的鲸油灯又很昏暗，但那份工作从未让我感到枯燥乏味，反而很令我着迷喜悦，连办公室里的一切繁文缛节都不能让我对它失去热心。而结果是雇主总在不断地为我加薪。"他还说："我从未尝过失业的滋味，这并非我的运气。而在于我从不把工作视为毫无乐趣的苦役，却能从工作中找到无限的快乐。"洛克菲勒在给儿子的信中，

也这样说："如果你视工作为一种乐趣，人生就是天堂；如果你视工作为一种义务，人生就是地狱。"

努力工作，所需的是勤劳与坚忍；努力工作而又能快乐地工作，则是一种智慧。这种智慧能使人在枯燥的工作中发现乐趣，使工作不再是一项苦役，而是一种人生创造。这样的工作态度往往塑造出杰出的人才。罗斯·金曾说："工作本身无所谓有趣与否。我们从事的工作是单调乏味还是充实有趣，往往取决于我们对待它的心境。"

可以说，人生最有意义的就是工作，与同事、老板相处是一种缘分，与顾客、生意伙伴见面是一种乐趣。不要把工作视为生活之外的烦人事项，而是要把工作融入我们的生活，融入我们的心中，那么，我们自然而然就会心甘情愿地付出，也才会用最热情的心去感受这种生活中的必需。

在西雅图有一个举世闻名的派克鱼摊，那里有洋溢着快乐的"飞鱼"表演，那里是快乐的天堂!

只要走进市场，你很快就会看见在市场的尽头聚集了一群人，老远就可以听到他们的喧哗声。走近了，你会发现大家像是看街头表演似的，一圈又一圈地围着几个穿着亮橘色塑胶背带裤的年轻小伙子观看。其中一个小伙子从身旁的鱼摊上拿起一条鲑鱼，转身就朝柜台一丢，神气十足地高声喊："鲑鱼飞到威斯康辛!"柜台里的人敏捷地接住鱼，也大喊："鲑鱼飞到威斯康辛!"他刚大声喊完，鱼就包好了，顾客开心地接过"飞鱼"，在围观群众的欢呼中满意地离去。尽管海风越吹越冷，但是这鱼摊总是被人潮与笑声围得暖烘烘的。

鱼贩说，事实上，几年前的这个鱼市场本来也是一个没有生气的地方，大家整天抱怨，后来，大家认为与其每天抱怨沉重的工作，不如改变工作的方式。于是，他们不再抱怨生活的本身，而是把卖鱼当成一种艺术。再后来，一个创意接着一个创意，一串笑声接着另一串笑声，他们成为鱼市场中的奇迹。

有时候，鱼贩们还会邀请顾客参加接鱼游戏。即使怕鱼腥味儿的人，也很乐意在热情的掌声中一试再试,意犹未尽。每个愁眉不展的人进了这个鱼市场,都会笑逐颜开地离开,手中还会提满了情不自禁买下的鱼,心里似乎也会悟出一点儿道理来。

有很多人抱怨工作不是自己喜欢干的,找不到乐趣,觉得生活和工作没有意思。工作就是工作,它永远不可能像休闲度假一样充满了新奇和喜悦,关键是你如何在其中寻找并创造乐趣。如果我们在工作中尽量去寻找乐趣,带着一种乐观的态度去投入工作,不仅可以提高自己的工作效率,也会影响周围的人。

当然,拥有兴趣,你会更容易感受到乐趣;拥有兴趣,你会更自觉地爆发对工作的激情。可是,如果没有健康积极的心态,即使你从事的是自己最喜欢的工作,你依然无法真正地体验到工作中的乐趣。兴趣可以花时间,慢慢从无到有地培养,乐趣却是需要你用一颗乐观的心去寻找和感受的。

工作中不是没有乐趣,而是缺少发现乐趣、感受乐趣的心!你在工作中有很多不如意吗?那么在抱怨之外,为什么不试试改变自己的心态呢?你只要能培养起良好的心态,就能寻找到工作中的乐趣,不再遭受烦恼痛苦的困扰,并发自肺腑地说:原来工作真的是美好的!

第六章

【高调的气势】

在竞争的场合，需要舍我其谁的霸气

那些杰出的团队领袖，从言谈举止和掌控局面的能力上，都隐隐露出一股动则雷霆万钧、静则稳如泰山的气势，即所谓的“霸气”。在任何竞争的场合中，那种舍我其谁的气势都有助于我们超常发挥自己的潜力。

王者之气是一种境界

一提到“霸气”，我们很自然地就会想到“力拔山兮气盖世”的楚霸王，想到“振长策而御宇内”的秦始皇，想到站在阿尔卑斯山上狂呼“我比阿尔卑斯山还高”的拿破仑……据说，人但凡将一个事情做长久了，做出高水平了，做出大名堂了，浑身就会散发出浓烈的霸主之气来，把周围的人震得浑身发软，如遭电击。那么霸气究竟是什么？人应不应该有霸气？

我们脑海中对霸气这个词的直观理解是：它是一种能够压倒一切的气势，能让感受到你气息的人觉得害怕，变得软弱，从而丧失一切斗志，臣服于你。其实，“霸气”并不是一个贬义词，它可以理解为雄心、志向等，也就是一种令人胆寒、畏惧、崇拜，不敢与之争锋、本身又高度自信的气概。在世界上享誉最高的华人影星李小龙曾说：“我绝不会说我是天下第一，可是我也绝不会承认我是第二。”这就是对所谓“霸气”的最好说明。

霸气并非霸道蛮横，不讲道理，它是胆识与才智的结合，是敢拼敢闯的精神，是成就事业的王者风范！霸气既是一种能力，也可以视为一种成功催化剂。拿破仑在军事院校就读时就立誓要做一名卓越的统帅并吞并整个欧洲，由此他的勃勃野心可见一斑。在校期间，他严格要求自己，最终开始了他的霸业之旅；成吉思汗扬言大地是他的牧场，有雄鹰的地方就有他的铁骑，这造就了成吉思汗的辉煌时代。翻开史册，名垂青史的成功者又有哪个没有霸气？

人生在世，没有谁不需要霸气。一篇文章这样说：“男人无霸，大者不立国，中者不立业，小者不立家，及至不立人。”其实，霸气在每个人心中或多或少都会有一些影子，因为每个人都有好胜心，也都有占有欲和表现欲。只不过有的人的霸气直白、强硬，令人喘不过气来；而有的人的霸气却内敛、含蓄，在潜移默化中让人不知不觉地紧紧跟随。

其实,平庸者最缺的不是金钱,而是霸气。不论处在什么样的社会环境中,只有树雄心、立壮志,才能干出一番轰轰烈烈的事业。海尔集团总裁张瑞敏,在海外发展了62个经销商、30000多个营销点,海尔的发展目标是本世纪初进入世界500强、创出中国的世界名牌。可见,有了崇高的目标,就会产生霸气、奋发图强;有了霸气,也就有了强烈的竞争性,因而在事业上也较易成功。

无论你活得充实还是平淡,无论你将变得杰出还是平庸,这一切都取决于你心中是否有霸气。你应该相信自己的潜在优势,增强自信心,清除懦弱感。一个锐意进取的人,必须具备无坚不摧的霸气。

2008年北京奥运会上,美国的迈克尔·菲尔普斯就是一个极具霸气的人,无论何时,在他身上都能看到一种胜利的王者姿态。菲尔普斯说:“从小到大,我都想成为冠军。”正因为有着这种执著和自信的冠军梦,使菲尔普斯身上永远散发出一种“舍我其谁”的霸气。早在出征2008年北京奥运会前,菲尔普斯就说出了掷地有声的一句话:我一定要拿奥运8金!果然,菲尔普斯兑现了自己的诺言,他在本届奥运会总共参加的5个单项和3个接力项目的角逐中,共获得8金,7次打破世界纪录,1次打破奥运纪录……菲尔普斯的非凡霸气,不仅成就了奥运历史上前无古人的传奇,也同时为北京奥运会写下了浓墨重彩的一笔。

当然,“霸气”并非为明星、冠军们所独占,大千世界,各行各业的杰出人物都可以有霸气,也需要有点霸气。霸气的内涵不论怎么变化,其精神实质都不会改变,那就是:王者之风,气压群雄;自信自尊,舍我其谁;无所畏惧,永不言败。其实,所有的成功者身上都有一定的霸气,只是霸气的类型不同而已!所谓的霸气可以分为很多种类,但以王者之气为最高境界。王者之气是一种境界,而霸主之气则是一种实力。

霸气既是一种能力,也可以视为一种成功催化剂,它可以单独用来攻击人，也可以融入自身，使自身的实力提升到一个崭新的高度。

那么，霸气是不是与生俱来的，可不可以终身受用呢？“霸气”要靠不断培养，需要有强大实力做后盾，需要有过人才华为基础，需要用艰辛努力来铺垫。缺了这三点的“霸气”，就是令人耻笑的狂妄自大，你的霸气就只是纸老虎的威风。

霸气是一种内心强大的气质表现

霸气是一种从表情气质、言谈举止中呈现出的自信与高素质。要活出有意义的非凡生命，需要具有霸气，有了霸气才能在激烈的竞争中大显身手。

霸气与霸道，看似只差一个字，本质却有着天壤之别。霸气是隐性的，霸道却呈显性；霸气是无形的，只能感觉，霸道却是显而易见的。

霸道是内心虚弱的一种表现，是外强中干，是心有余而力不足，是一种掩盖，是一种逃避，是不强大却装出的强大，是不高贵却装出的高贵。霸道是虚伪的女儿，是空虚的姐妹，是人性中的恶。一言不和拳脚相向，利益冲突优势欺压，这就是霸道。

霸气并非目空一切地霸道，也非骄横自大地咄咄逼人，而是一种从表情气质、言谈举止都给人一种盛气凌人的自信与高素质，让人有一种似曾被藐视的感觉，但却可以从你身上学到很多东西，或者了解到更多东西，以致在你身上感受到一种魅力与敬重。这种心底的敬重与那种被藐视的感觉完全转化为学习和理解你的动力，从而无形中提升对你的信任度。

我曾年少轻狂，我曾血气方刚，我们的气概不能因为和平而变得平和，人没有霸气是不行的。周杰伦的霸气，在不经意间，从他不是很出众、但很有型的外表，和一向低调的处世态度中，无时无刻地透出，这股气就是一种霸气。

他所唱的歌词中有这么两句："生死不过一道刀疤，谁在乱箭之中潇洒！"这可谓是对他霸气的最好说明。

霸气是从内心流淌出来的高贵气质，是人之所以可爱的源泉。有霸气的人，不会低三下四看别人的脸色行事；有霸气的人，不会成为他人手中的玩物；有霸气的人，不会以掌控他人为乐；有霸气的人，不会将自己的希望寄托在他人身上；有霸气的人，不需要通过别人来证明自己的价值。

人的巨大力量是源于内心霸气的支持。一个连内心都懒洋洋的人，即使他有什么愿望，这些愿望对他来说也永远只能是飘浮的肥皂泡，使他没有丝毫力量去达到愿望。如果缺少霸气，即使你才华横溢，也可能因为怯于行动而与机会失之交臂；如果缺少霸气，即使你聪明绝顶，也可能因为心理素质太差而丢失成功……

美国 NBA 篮球比赛的魅力是巨大的，每场赛事都会吸引世人的目光。而篮球场上的每一个身影更让所有爱好这项运动的人们目不转睛，为之喝彩。

"小巨人"姚明一直是众多中国人的追捧偶像，他让世界看到了一张中国人的脸，一张谦和文雅的脸，一张坚强不屈的脸。但也许是几千年文化积淀在他身上的体现，儒家风范式的赛场表现给了他一个别样的形象，从而让人们说他有点儿软弱。

看姚明打球，总觉得不是那么尽兴，他虽分不少得，篮板也不少拿，可是远不如看乔丹打球过瘾，他似乎比乔丹少点儿什么。少点儿什么呢？少了点儿"霸气"。

要说姚明，要个头有个头，要块头有块头，往那儿一站就是"一览众山小"，可打起球来却中规中矩，文质彬彬的，扛不过人家就不扛了，遭人恶意犯规也就是宽容一笑，该投的球也犹犹豫豫。

火箭队缺乏霸气，姚明更是缺乏霸气。一旦遭遇对手压迫性的干扰防守，姚明的表现往往手软，不知道如何应对。姚明在 NBA 已经 7 年，一直无法成长为火箭队真正的核心和领袖，缺乏霸气是主要原因。火箭队现在只要一打速度战，姚明必然下场休息，就能说明这个问题。

不过，这一段时间，经高人指点，姚明的“霸气”慢慢起来了，大力扣篮后也学会大吼一声，该扛该挤也毫不客气，甭管对手是“小飞侠”科比，还是“大鲨鱼”奥尼尔。

在 NBA 这个强者扎堆的地方，需要的是王者之气，是一往无前的霸气！

“人活一世，不可与草木同腐”，要想活得充实，活得辉煌，活得轰轰烈烈，我们就要努力培养出一身霸气。李嘉诚在汕头大学毕业典礼上说：“要活出有意义的非凡生命，需要有能超乎‘匹夫’的英雄特质。”我们有了这种霸气才能在激烈的竞争中大显身手。

我们需要一些霸气，需要不断地展现自己。那种从眼神中显现出来的坚定的意志力；那种在逆境中表现出来的愈挫愈奋进的高贵品质；那种不因年华的逝去而淡薄的勃勃生机，值得我们穷其一生去追随。拥有了霸气，你才能充满激情地工作和生活；拥有一种奔涌不息的霸气，能时刻为你点燃希望的烛火，时刻让你与众不同！

温和的霸气是一种人格的核心之气

温和的霸气是一种人格的核心之气。人格中具有这种特质的人不会让人感到威胁，也不会惹人讨厌，反而容易获得他人的尊重和喜爱。

据说，佛一生下来就会说话。他说的第一句话是：天上天下，唯我独尊。“唯我独尊”，这是一种很自大的说法。如果说佛性人人都有，那自大也应该是很人性的，或者说是人的一种先天需要。但是，过度的自大，是一种既害人又害己的不良品质。

不温和的、有攻击性的自大恰恰是自大的需要没有被恰当满足的表现。在攻击他人的过程中，自大被暂时地满足了。但是，这种满足潜藏着危险，因为攻击的后果，就是遭受到反击。

自卑是自大没有被满足的另外一种表现。或者换一种说法，自卑是想象中的自大对真实的自我的攻击，这种攻击经常也会转向针对他人。有人说：不要跟没有一点儿自大感的人打交道，因为这样的人迟早会通过伤害你来满足自大的需要。这样的说法当然过于世故了一点。正确的做法是，我们允许自己成为有温和的、自大感的人，同时也支持别人的温和的霸气。

温和的霸气来自作为万物之灵的人类一员的骄傲，也来自我之所以是我的独特性，而不是因为对他人的忽略或藐视。比尔·盖茨在微软同事的心目中是一个什么形象呢？当初与他一起共同执掌了微软28年之久的CEO鲍尔默最有话语权了。“他是一个比较内向的小伙子，不太爱说话，但身上充满了活力。”鲍尔默最近在接受《华尔街日报》采访时，如此形容比尔·盖茨。比尔·盖茨身上体现的就是一种温和的霸气。

温和的霸气是一种人格的核心之气，它打不败、拖不垮、揉不烂、捏不碎，浑然天成，无须借助任何外在力量，就在那里显眼地存在着。

日本有名的矿山大王古河士兵卫出生在日本一个普通人的家庭里，从小过着忍饥挨饿的生活，他很小就到一个豆腐店当伙计。古河做事总是尽心尽力，主人什么时候看到他，他都是一副信心十足、笑容满面的样子，所以主人把看他做事当成是件愉快的事。长大以后，他不再做豆腐了，被放债的人雇去催收钱款。

古河靠着他的笑容，把收款的事情做得很出色，多么难收的款他也能收回来。有一次，古河到一个借债的人那里要钱，这笔债早就应该还了，可是借债的硬是拖着，“一千年不赖，一万年不还”。这一次，一看来了个讨债的，脸色立刻由晴转阴，对古河一脸冰霜，横竖不理不睬。他把古河一个人晾在那里，自己走了。晚上，直到睡觉的时候，他也没搭理古河，索性关了灯，睡大觉去了，让古河一个人摸黑呆坐着。

古河晚饭也没吃，又冷又饿，但他就是不生气，就是那么静静地坐着，一直坐到天亮。第二天早晨，那个借债的人看到古河仍然坐着，脸上仍然挂着笑容，没有一点生气的样子，着实被感动了，恭恭敬敬地把钱还给了古河。

古河士兵卫的雇主后来从借贷款人口中得知他为了讨回贷款，苦等一夜的惊人之举，很欣赏他的敬业精神，认可了他的为人，便把他介绍给了一位没有儿子的财主当养子。古河士兵卫被安排到富豪小野组中工作。在工作过程中，古河士兵卫兢兢业业政绩突出，在富豪小野组中工作时间不长被提拔为总经理。

古河在任总经理期间，征得养父的同意，花了1000两黄金买下了一座废铜矿。后来，他所经营的铜矿成了日本矿业的支柱企业，古河士兵卫也成了日本商界的红人。在当时他成了全国有名的矿山大王，被誉为日本矿业发展的排头兵、领头雁。

古河士兵卫的成功，主要是他有一种敢于面对失败、锲而不舍的精神。古河的随和、耐心和永久的笑容，显示了一种柔和霸气的力量。

有一种人，态度和气，说话轻描淡写，常常面带微笑，但在某种特定时候，当他慢悠悠对你说几句话时，看似温和，看似平静，你仍然能感受到一种无形的压力，但当你静下心琢磨时，又说不清这压力是怎么来的。霸气只是一种感觉，可能具备这种气度的人自己有时也并不知道他带给别人的不同感受，这样的人会更经得起人世间的风吹雨打。入世越深，就越会感觉到身外之物的无常和虚妄，也许只有自己对自己的那一份满足和坚守，才是真正可以信赖和依靠的东西。

给自己一点时间和勇气，让自己成为一个有着温和霸气的人。力量、胆气、刚性，这些极具男性化特点的词汇往往令人产生错觉，竞争取胜要使蛮劲儿。其实，当今社会的较量早已超越了冷兵器时代短兵相接时的概念，就像软绳能捆硬柴一样，软力量的威力更为巨大。

不要在心理上输给对方

对于任何人来说，气势很重要，那种舍我其谁的霸气有助于超常发挥自己的水平。做人一定要有一点儿霸气，不要在心理上输给对方。

霸气，字典上的解释是“专横的气势”。对于运动员来说，气势很重要，那种在赛场舍我其谁、把任何对手都看成纸老虎的心态有助于超常发挥自己的水平。

现在很多人在评价一个强队遇到困难时，会说它缺少“霸气”。但是要是有一支队伍若是连续取得好成绩后，马上就会有人称它具有“霸气”。若干年后，随着成绩的下降，会有“霸气”减弱这么一说。在足球领域里，“霸气”究竟是什么？当一个强队明明有实力取得好成绩，却偏偏没有取得时，“缺少霸气”这个称号就会被加冕给这个队。

面对女篮、女排与美国、巴西队较量的失利，最多的感觉是，中国作为东方的霸主，对西方的对手显得太过谦和。也许是受传统中庸之道影响太深，在面对对手时缺少了应有的霸气。此时的不喜张扬成了中国人最大的缺点。换句话说，国人的弊病就是面对强大的对手时缺乏霸气。但在中国体育界，邓亚萍绝对是个例外。

邓亚萍的“霸气”，早就闻名于乒乓球界。虽说她个子不高，貌不惊人，但一打起球来，两眼圆睁，咄咄逼人，像要冒出火来，未动手就先在气势上压倒了对方，再加上精湛的技术、顽强的斗志，一时间，打遍天下无敌手。以至于国外许多女乒乓球运动员纷纷哀叹：与邓亚萍生活在同一时代是悲哀的！

可见，不管在球场上还是在人生的竞技场上，做人一定要有一点霸气，不要在心理上输给对方。在参加各种竞技比赛的时候，在你有实力而缺少一定的良好心态时，你是否能够这样对自己自信，这样“霸气十足”，这样对自己说“我是最棒的”呢？你应该期待自己有这样的心态，因为这样的“霸气心态”才是“成功的心态”。作为深受谦虚、内敛、保守的“传统式中国文化”影响的中国人，更需要在这方面有精彩表现。

直到现在，任何人都不能否认的事实是：在篮球场上，乃至整个体坛，还没有谁拥有乔丹这样的霸气。

乔丹曾经被视为一名“优秀的球员”，但那时，总有人在埋怨：“有乔丹在，公牛队就永远别想拿冠军！”从此，乔丹不再是单打独斗的行家，他努力把自己融入到球队，他发现，他不必再像以前那么费力地打球了。这之后，他渐渐成为了统帅，他改变了公牛的历史。

1989 年东部决赛第三场，只剩 9 秒钟，活塞的主帅告诉弟子们，这小子会从这里切入，然后在这里投球……专门防守乔丹的人是罗德曼。后来，乔丹的进攻路线果然跟他们分析的一样，然而球还是投进了。

人们真的要疯了，一直到 1998 年的总决赛，那么多次，当比赛只剩下最后几秒，全世界都知道乔丹要来拿球的时候，对手们却无法阻止那致命的一击。活塞队的“钢铁后卫”乔·托马斯这样感叹：“除了小时候做错事，被母亲追打外，长大以后最不愿做的事就是防守乔丹了。”

1990 年 3 月，公牛客场对阵骑士，乔丹被罗德·威廉姆斯撞倒在地，那是一次特别严重的犯规，乔丹倒在地上足有两分钟，这时他清楚地听到球迷的欢呼声，他无法相信这些球迷居然会巴不得他受伤。

乔丹抬头看了公牛队当时的助理教练马克·普菲尔一眼，然后说：“他们会为此付出代价的！”从这一刻起，他把愤怒写在脸上，犹如一匹脱缰的野马。篮板、抢断、过人、上篮，无人能敌，这场比赛他独得 69 分。公牛最终以 117 比

113 战胜骑士。

1992 年对开拓者队的总决赛中，他打破了总决赛的得分纪录，赛后他“无奈”地摊开双手，那表情像是在说：“我也没有办法。”

他一手终结了凯尔特人王朝，并征服了最难征服的纽约尼克斯队。上世纪 90 年代，公牛王朝最为鼎盛的时候，他往往这样介绍自己：“我叫迈克尔·乔丹，我在芝加哥公牛队打职业篮球。”是的，乔丹手一扬，他们倒成一片。

一个具有霸气的人，往往能对许多事都充满激情，往往不会为某些常规而畏首畏尾，往往持有自己的观点而不轻易动摇和听信别人。其实，霸气的产生来源于自信，当自信完全充斥了自己的思维后，那种独特的气质就将产生，对自己是一种鼓励，对别人是一种威慑。

霸气好比战场上的一把尖利的飞刀，往往在未出手前已具有一股气势。气势又蕴涵着一种潜力，出手的一瞬间会立即击毙对方，虽然有时刀过于锋利，难免会扎到自己，但有霸气的人不会因此而改用其他武器。

然而人在一定的环境中，自己锋利的尖角也会被磨得十分平整，尖刀变成了一把钝刀，用此刀去杀敌，速度虽慢却十分保险，但是这时的感觉却是不一样的，似乎感觉自己不太容易受伤了，可同时，一种东西也正在逝去，以前锋利无比的武器和不凡的气魄不知到哪儿去了，到最后，不知不觉中已“泯然众人矣”。

人要有霸气，无霸气则无自信，无自信则不可能成功。我们需要霸气这把“尖刀”，有了之后不被磨平，那便是好事。

要拥有超越平庸的力量

成功者心中有股势不可挡、坚不可摧的霸气，由于这种非凡力量的支撑，他们敢在惊涛骇浪中扬帆，敢在狂风暴雨中前行，在竞争中脱颖而出并连创佳绩。

我们环顾周围，看到别人比自己有力量，看到自然的力量，惊叹一粒种籽能长成花朵，太阳无日停歇地跨过天际。我们甚至看到生命从自己身体孕育诞生，同时却以为自己和这些力量毫无关系。

上天并未刻意将大自然造得强大，将人类造得软弱。力量源于认知自己的独特性，了解自己拥有和任何生命一样的天赋。一个人真正的力量并不是来自地位、存款数字或骄人的事业，而是内在霸气的表现。是个人力量、诚信与气度的外显，每个人内在都拥有惊人的力量，只是自己不知道罢了。人的力量深藏在内，与生俱来。人们往往忽略它的存在，但只要重新认识它就能发挥出来。

当霸气与目标连在一起时，霸气就摇身一变，从肉体爬进人的灵魂与头脑，迅速在你的心底充溢起来，成为一种永不停息的巨大力量。正是这种永不停息的、渴望前进的强大欲望之力，唤醒了人的意识，唤醒了人心中伟大的力量。这种被唤醒的力量巨大无比，具有无穷的创造力，它能创造历史，创造全人类的新生活。

美国探险家约翰·戈达德有句名言："凡是我能够做的，我都想尝试。"

在约翰·戈达德 15 岁的时候，他就把他这一辈子想干的大事列了一个表。那时的他，是洛杉矶郊区一个没见过世面的孩子。他把那张表题名为"一生的志愿"。表上列着："到尼罗河、亚马逊河和刚果河探险；登上珠穆朗玛峰、乞力马扎罗山和麦特荷恩山；驾驭大象、骆驼、驼鸟和野马；主演一部'人猿泰山'那样的电影；游览全世界的每一个国家；结婚生孩子；参观月球……"每一项都编了号，一共有 127 个目标。

当戈达德把梦想庄严地写在纸上之后，他就开始抓紧一切时间来实现它们。16 岁那年，他首次完成了表上的一个项目；20 岁时他已经在加勒比海、爱琴海和红海里潜过水了，他还成为一名空军驾驶员，在欧洲上空做过33次战斗旅行；他21岁时已经到21个国家旅行过。

22岁刚满，他就在危地马拉的丛林深处发现了一座玛雅文化的古庙。同一年他就成为“洛杉矶探险家俱乐部”有史以来最年轻的成员。接着，他就筹备实现自己宏伟壮志的头号目标——探索尼罗河。

戈达德26岁那年，他和另外2名探险伙伴来到布隆迪山脉的尼罗河之源。3个人乘坐一只仅有60磅重的小皮艇开始穿越4000英里的长河。他们遭到过河马的攻击，遇到了迷眼的沙暴和长达数英里的激流险滩，闹过几次疟疾，还受到过河上持枪匪徒的追击。出发10个月之后，这3位“尼罗河人”胜利地从尼罗河口划入了蔚蓝色的地中海。紧接着尼罗河探险之后，戈达德开始接连不断地加速完成他的目标……

将近60岁时，戈达德依然显得年轻，充满活力，他不仅是一个经历过无数次探险和远征的老手，还是电影制片人、作者和演说家。戈达德已经完成了127个目标中的106个。他获得了一个探险家所能享有的荣誉，其中包括成为英国皇家地理协会会员和纽约探险家俱乐部的成员。沿途他还受到过很多人士的亲切会见。

戈达德在实现自己目标的征途中，有过18次死里逃生的经历。“这些经历教我学会了百倍地珍惜生活，凡是我能做的我都想尝试。”他说，“人们往往活了一辈子却从未表现出过巨大的勇气、力量和耐力。但是我发现，当你想到自己反正要去世的时候，你会突然产生惊人的力量和控制力，而过去你做梦也没想到过自己体内竟蕴藏着这样巨大的能力。当你这样经历过之后，你会觉得自己的灵魂都升华到另一个境界之中了。”

当有人惊讶地问他是凭借着怎样的力量，让他把那许多注定的“不可能”都踩在了脚下时，他微笑着如此回答：“很简单，我只是让心灵先到达那个地方，随后，周身就有了一股神奇的力量，接下来，就只需沿着心灵的召唤前进了。”

在一条陌生而又艰难的道路上行走时，你可能会感到不安、恐惧，出现心跳加快、手心冒汗等现象。这是正常人身上都可能发生的。但是胸怀霸气者会利用它们来督促自己、激励自己。他们会在心里告诉自己：“困难并不可怕，与它较量是种乐趣。再努力一把，你将彻底摆脱恐惧，获得永久的解脱！”

第七章

【高调的度量】

人生最难的是宽恕别人、包容异己

生活和工作中，谁都可能会遇到挫折和困难，也会遇到许多的误解和不快。这时候要学会宽容。世界有了宽容，才能和谐美丽。一个人有了宽大的胸怀，有了可以容纳万物的心，才能够成就一番事业，才能够快乐而幸福的生活。

有大胸怀才会有大气量

要学会宽容，要剔除心中的私欲和杂念，追求高尚；同时要推己及人，以德报怨，与人为善。越是睿智的人，越是胸怀宽广，大度能容。因为他们能够洞明世事、练达人情，能够拿得起放得下。待人宽一分是福，利人是利己的根基。即使我方的势力比对方强大，虽然最终我们战胜了对手，但是，并不能因此而太过嚣张，能够和平解决问题时，还是尽量用和平的方式。有一颗仁义之心，是做事成败的关键。中国历史上唯一的一个女皇帝，就有这样的胸怀，所以最终得到了人们的拥戴。

武则天是中国历史上唯一的一位女皇，也是一个有作为的皇帝。她在当政时期，正是在中国的鼎盛时期——唐朝。她在任期间，非常重视人才，对骆宾王和上官婉儿的爱惜宽容就是很好的例子。

骆宾王，一个才子，是“初唐四杰”之一，是一个激情澎湃的诗人。但是他性格高傲，与权贵素来不合，所以一直都没有升官的机会。后来，他不得不向现实低头，开始向一些官员上书，希望能够得到重用。后来，骆宾王趁高宗李治到泰山封禅的机会，写了一篇《请陪封禅表》，得到了高宗的称赞，封他做了一个奉礼郎的小官。但是好景不长，他又因为犯了一点儿小错误，就被贬到西域充军。

可是骆宾王并没有就此沉沦，后来他当上了朝廷的监察官员。他上书言事，奏章中有些言语触怒了武则天。武则天一怒之下，就找了个罪名把他抓入大牢，囚禁了一年才放出来，让他做了个临海郡丞。这时候的骆宾王心灰意冷，什么官都不想做了，于是离开京城，隐居了起来。

唐高宗死后，武则天自立为女皇，很多人都敢怒不敢言。但是，唐朝开国功臣徐懋功的儿子徐敬业起兵反对武则天，骆宾王听到这个消息，就投奔了他。徐敬业很看重他，让他掌管军中文书。骆宾王为徐敬业写了一篇檄文来声讨武则天。徐敬业把这篇檄文作为起兵的宣言，一时间民间传颂不绝，争相读阅。

自然而然地，檄文也被送到武则天手里。内侍将檄文念过一遍之后，武则天连连称赞这篇文章写得好。她兴奋地夸赞说："如此有才能的人得不到重用，这是国家的损失啊！"武则天立刻下令，火速调集军队镇压徐敬业，同时又下令不许杀害骆宾王，要抓活的送到洛阳来。她还让人把檄文收起来，作为收藏之用。

后来，徐敬业起兵失败，战死沙场，而骆宾王却无影无踪。武则天也就没有再追查他的下落，她怕再继续追查下去会断送这位才子的性命。对于撰文讨伐自己的敌人，武则天不但没有赶尽杀绝，还以自己宽广的胸怀谅解了他，实在不能不让人佩服。

对于骆宾王的宽容可能还有些许爱才之意，但是武则天对于仇人的后代——上官婉儿的态度更是令人折服，让人赞叹。

上官仪是唐高宗年间的宰相，后来他密谋废掉武则天，结果被武则天除掉了。而上官婉儿是武则天的仇人上官仪的孙女。上官仪父子被杀后，武则天本来要杀掉上官婉儿的，后来又打算把她发配边疆，但看她还小，可怜她，就把她收入宫廷。有人劝说武则天不要养虎为患，但是武则天偏偏要把她留在身边。

上官婉儿其人天资聪敏，才华横溢，写得一手好文章。有一次，武则天发现上官婉儿写了一首七言诗，字里行间充满了对武则天的愤恨之情，但是文辞却很精美。武则天问上官婉儿："你的家人因为谋反被我杀了，你从小就失去亲人，是不是非常恨我？"上官婉儿说："这是陛下的看法，奴婢不敢妄自评论。"

武则天又问她："有人认为这首诗里，你反叛之心跃然于纸上，你怎么看？"上官婉儿又冷静地回答："陛下如果说有，奴婢不敢说没有。"武则天很赞赏上官婉儿的回答，也很惊叹她的才气，就把她留在自己身边，让她跟随左右，参政议政，这个时候上官婉儿还不到 15 岁。

从此，上官婉儿在日复一日与武则天的接触中，渐渐对武则天消除了恨意，由怨恨转为拥护了。

让自己的朋友拥护自己不算本事，让自己的敌人敬佩自己，那才是真本事，武则天却做到了。能够重用能人并不算难得，难得的是对于仇视自己的人仍然有这种宽宏的心胸，所以武则天才成为一代圣明的女皇。如果武则天没有宽广的胸怀，是没有这么大的气量去容人的。在现代社会中，在日常的人际交往中，有胸怀、有气量，才能够起到化敌为友的作用，才能够让自己一帆风顺。

能够以德报怨的人必能赢得人心

做人的境界有高有低，这往往体现在处理矛盾的不同方法上，有人善于化解矛盾，有人善于激化矛盾。大家同在一片蓝天下，难免时有矛盾发生。而矛盾最多也是最激烈的，往往是争利夺位，有时甚至是争得势不两立、不共戴天。其实这种人实在是钻了牛角尖，人生短短几十年，能够在一起，也是一种缘分，何必争来争去闹得大家都不愉快呢？即使要为合理的东西去争夺，也必须讲究策略。这个策略就是：对于矛盾，我们要以德服人，以德报怨。

《道德经》上说："想做圣人要去掉极端的、奢侈的、过分的东西。"越是雄心勃勃、耀武扬威、欲取天下者，越是得不到天下。只有能够以德服人、以德报怨，才能够得人心，进而得天下。舜就是这样的典范。

传说舜是个贤人，他出生在冀州，他的父亲是个瞎子。在舜很小的时候，舜的妈妈就病死了，父亲给他找了个后妈。不久，舜就有了一个同父异母的弟弟，名叫象。因为象是小儿子，又是后妈生的，舜的父亲和后妈自然十分宠爱小儿子象。他们不但对舜不闻不问，还要舜干很多活，去赚钱养家。可父亲、后妈和弟弟还是把他看成了眼中钉，总为一点儿小事刁难他。舜对他们的态度毫不在意，依然对父母十分孝顺，也依然关心弟弟。

因为舜的德行在当地有口皆碑，所以，在舜30岁的时候，他被人们推荐给尧帝。尧帝对他的德行十分满意，赐给他财物，还把自己的女儿嫁给了他。舜的弟弟象心里十分嫉妒，他想霸占他的妻子和财物，于是就要置舜于死地。

这天，象对舜说："粮仓的屋顶漏水了，你快去修补一下。"舜于是搬来梯子，爬到粮仓顶上涂泥补漏。象立即把梯子给撤走了，还在粮仓里面点起火来，想把舜活活烧死。舜在屋顶无路可走，急中生智，拿起身边的斗笠，用双手举着，像鸟儿一样落了下来，未伤毫发。

这次象见舜没有死，又生一计。他走到舜的家里，对他说："父亲要你去打一口井。"当时舜身体不适，但是一听是父亲的命令，二话没说就拿着工具出发了。这次象想把舜活埋在井里。舜已经有了戒备之心，在挖井的时候在侧面又凿出一条暗道，从暗道里逃走了，又逃过一劫。

这时象很害怕，他担心舜会报复。可是舜没有怨恨，依然对全家人很好。舜的宽容大度终于感动了他的弟弟和父母。后来舜做了部落的首领，象也改过自新，尽心尽力地帮助百姓排忧解难，成了一个道德高尚的人。此后，象一直都对舜很尊敬，再也不敢冒犯兄长了。

在与人交往的过程中，不可避免地会产生各种各样的矛盾。襟怀坦荡、胸怀宽广的人善于宽容他人，因为他们懂得宽容他人就是善待自己，心胸狭窄只能加深误解和折磨自己。因此，真正的大丈夫往往能够以自己高尚的品德、宽厚的胸襟去容纳曾冒犯自己的人，以德报怨。

从舜的经历中，我们可以看见宽容的力量是巨大的，它甚至会成为一种人格的魅力，可以让人为此而拼死效命。当然，我们日常生活中交往的都是普通人，甚至有的是小人，他们品质不好，行为不太检点，因而对令你看不惯和讨厌的人来说，和他过不去难道不应该吗？和他们交往岂不是降低自己的身份？乔治懂得这个道理，他这么做了，也受益了。

乔治是一个卖砖的商人，由于另一位对手的不当竞争而陷入困境。事情是这样的：竞争对手在乔治的主要经销区域内走访那些建筑师与承包商，告诉他们乔治的公司不可靠，他的砖块的品质不好，生意也面临即将歇业的境地。

虽然乔治对别人解释说，自己并不认为对手会严重伤害到他的生意。但是这件麻烦事儿使他心中生出无名之火，真想冲上前去揍对方一顿，即使是这样也无济于事。而且事实上，乔治的竞争者使他失去了一份10万美元的订单。但是，此时乔治想起父亲教给自己的话：以德报怨，化敌为友，才能够万事顺心。

有一天下午，在安排下周日程表时，乔治发现自己的一位顾客，正因为盖一间办公大楼需要一批砖，而所指定的砖型号却不是他们公司制造供应的，却与自己那个竞争对手出售的产品很类似。乔治知道那个竞争者完全不知道有这笔生意机会，自己完全有机会把这单生意抢下来，即使抢不下来，也不能让那个诽谤自己的人得到这笔订单。

到底该怎么办？这使乔治感到为难，是告诉对手这项生意的机会，还是让对方永远也得不到这笔生意？乔治的内心挣扎了一段时间，父亲的忠告一直盘据在他心里。最后，他还是鬼使神差地打电话给了那个竞争对手。而接电话的人正是那个诽谤者本人，当时他拿着电话，难堪得一句话也说不出来。乔治还是礼貌地、直接地告诉他有关弗吉尼亚州的那笔生意。结果，那个对手很是感激乔治，不知道说什么才好。

这样，乔治听到了惊人的消息：对手不但停止散布有关乔治的谎言，而且甚至还把他无法处理的一些生意转给乔治做。乔治的心里也比以前好受多了，他与对手之间的阴霾也获得了澄清。“以德报怨，化敌为友”，就是迎战那些终日想要让你难堪的人所能采用的最上策。要施恩给那些故意跟你为难的人，这样也许会得到对手的敬意。

从古至今，凡是胸襟宽大者、有大家风范者，都能够对人“以德报怨”。这样做，从眼前来看，似乎有忍气吞声之嫌，不过，从长久的利益来看，这样做的好处太大了。能够以德报怨的人，才能够得人心，才能够成大事、得天下。

争狠斗恶是匹夫之勇

曾国藩曾经说过，“吾服官多年，亦常在耐劳忍气四字上做功夫也”，这是他的心得。在收敛低调中做人，在挫折屈辱中做事，在巧妙周旋中攀升，“让一让，六尺巷”，退一步海阔天空，大丈夫能忍难忍之事。这个世界上，有些人争强好胜，无理也要争三分，一旦得理更是不饶人。而有的人则相反，即使真理在握，也让人三分，显得绰约柔顺，给人一种很好的印象。这种人往往胸襟坦荡、修养深厚、对人宽容，能忍耐别人对自己的不敬，甚至面对别人的侮辱也能坦然处之。在我们平凡的生活中，有许多事情，当你打算用忿恨去实现或解决时，你不妨用宽容去试一下，或许它能帮你实现目标、解决矛盾、化干戈为玉帛，毕竟“和”才是为人之道。生活中，不会宽容别人的人，是不配受到别人宽容的。以和为贵，还需要一个“让”字。胡雪岩就给我们做出了表率。

当年，胡雪岩是大名鼎鼎的商人。有一次，胡雪岩和庞二合伙做丝业收购，两人齐心协力，逼压洋人，抬高国人丝价。为了这件事，胡雪岩费了大量心血，做得实在不容易。谁知，临近交货时却出了乱子。后来才知道，是被朱福年暗地里捣了鬼。

朱福年是谁？他以前是庞二的档手，外号“猪八戒”。朱福年野心勃勃，想借庞二做跳板，在上海丝场上做江浙丝帮的首脑人物。所以，看在东家的面子上，对胡雪岩表面上不能不敷衍，暗地里却处心积虑，想要打倒胡雪岩。只是他还不敢明目张胆地跟胡雪岩对着干，所以一切都在暗中操作。后来，是尤五最先发现了问题，他派人告诉古应春，由古应春告诉当时身在苏州的胡雪岩。听完古应春细说了缘由，胡雪岩想到了一个办法，他决定要治服朱福年。

本来这件事情很容易，只需要将庞二请出来，几个人合伙给他演一出戏，慢慢揭穿他的把戏，朱福年就难以招架了。凭借胡雪岩的实力和名望，如果要做得狠一点儿的话，可以让朱福年在整个上海都找不到饭碗。但是，在对待吃里扒外的朱福年这件事上，胡雪岩决定不逞匹夫之勇，决定给朱福年一条后路。所以，胡雪岩想把这件事处理得漂亮一些，至少不要把人逼到绝路上。

因为朱福年做事不仗义，不仅在胡雪岩与庞二联手销洋庄的事情上作梗，还拿了东家的银子去做自己的生意。朱福年的东家庞二自然不能容忍。依庞二的想法，他一定要彻底查清朱福年的问题，狠狠整治他一下，然后将他清扫出门。

但是，胡雪岩觉得这样不妥。胡雪岩说："发现了这个人不对头，就彻底清查之后请他走人，这是普通人的做法。最好是不下手则已，一下手就叫他心服口服。不然的话只会逼得朱福年狗急跳墙，和我们誓死拼争到底，那个时候就算是能够有胜算也会惹得一身骚。争狠斗恶匹夫之勇，我们让他三分，他自然会悔改的。"庞二听到了胡雪岩这样说，也就不再多说什么了。

胡雪岩后来先通过关系，摸清了朱福年做手脚、造假账的底细，然后再到丝行看账，在账目上点出朱福年的漏洞。然而他也只是点到为止，不点破朱福年"做小货"的真相，也不再深究。这让朱福年感到自己的"把柄"似乎已经被胡雪岩抓到了，但又莫名实情。与此同时，他还给出时间，让朱福年自己去检点账目，弥补过失，等于有意放他一条生路。最后，则明确告诉朱福年，只要悔过了，他就仍然会得到重用。

如此一来，朱福年心惊不已，他不明白胡雪岩为什么了如指掌。照此看来，此人高深莫测，他的疑惧流露在脸上，胡雪岩就索性开诚布公地说出了一席话："福年兄，你我相交的日子尚浅，恐怕你还不知道我胡某人的为人。鄙人的态度一向是有饭大家吃，不但吃得饱，还要吃得好，是最好不过了。所以，我决不肯轻易敲碎人家的饭碗。不过做生意跟打仗一样，总要齐心协力，人人肯拼命，才能够成事。不然互相倾轧，就难以成功了。过去的都不用说了，以后怎么做就看你自己了，你只要肯尽心尽力，不管心血花在明处还是暗处，我和庞二爷一定看得到，也一定不会抹杀你的功劳，在你们二少爷面前帮你说话。如果你看得起我，将来愿意跟我一起打天下，只要你们庞二爷肯放你，我这儿很欢迎你。"

听完这些话，朱福年觉得激动不已："胡先生你别说了，这样的金玉良言，我朱某人再不肯尽心尽力，就是牲畜了。"——胡雪岩没有争勇斗狠，而是得理饶人、礼让三分，因此收服了朱福年。

即使自己一方有理，也要容忍三分，要用宽广的胸怀去感化对方，而不是得理不饶人，死盯住对方不放。得理也要饶人，会使人与人之间相处得更加和平友善，会把整个社会变得更加和谐。

即使真理在握，也要让人三分

如果有人做出伤害自己的事，你就要用一颗宽容的心去原谅他。在面对别人的侮辱和伤害的时候，没有必要显得气急败坏，以一种对抗的方式来证明自己的强大和并非软弱可欺。

如果别人是无心犯的错，那么，你根本就没有必要将它放在心上，而应该大度地原谅他；如果别人是故意伤害你，你也不要一味地寻求报复，正所谓"得饶人处且饶人"，能够得理饶人才是聪明的人。有一个"灭烛绝缨"的故事是这样的：

有一次，楚庄王手下的得力干将养由基率军平定叛乱后，楚庄王十分高兴，便在宫中大宴群臣，还让自己的宠姬嫔妃出席助兴。席间，丝竹奏响，轻歌曼舞，美酒佳肴，觥筹交错，一片欢声笑语，直到黄昏仍未尽兴。因为打了胜仗，楚庄王也兴致颇高，于是就命人点烛夜宴，还特地叫出自己最宠爱的妃子许姬向文臣武将轮流敬酒，以示敬意。

这个时候，一阵疾风吹过，筵席上的蜡烛被吹灭了，宫中立刻漆黑一片。黑暗中，有人斗胆拉住了许姬的衣袖想要亲近她，在拉扯中，许姬顺手扯下了那人官帽上的缨带。

许姬使劲挣脱了那个人，离开后立即回到楚庄王的面前，向楚庄王一阵耳语："有人想趁黑暗调戏我，幸亏我机灵，扯下了那个人的帽缨，请大王快吩咐点亮蜡烛，派人查看众人的帽缨，没有帽缨的那个肯定就是刚才对我无礼之人。找出来可以为臣妾伸冤，杀鸡儆猴。"

没想到，楚庄王听完，不动声色地对众人大声说："寡人今日设宴，诸位务必要尽欢，大家不要太顾念君臣之礼，现在请诸位把帽缨摘掉，不然，难以尽欢。"

如此，群臣都依命把自己的帽缨取下，楚庄王这才命人重新点亮蜡烛，宫中一片欢笑，君臣尽欢而散。

席散回宫后，许姬怪楚庄王不给自己出气，楚庄王说："酒后失态乃人之常情，不应加以怪罪。此次君臣宴饮，旨在狂欢尽兴，融洽君臣关系。如果因为酒后失态就要究其责任，加以责罚，甚至取人性命的话，那么还有哪个大臣愿意为孤工效力呢？"

事情过去了几年，众人已经忘记这件事情了。适时，晋国侵犯楚国，楚庄王亲自带兵迎战。交战中，楚庄王发现自己军中有一员战将，每次上阵总是奋不顾身，所到之处均拼力死战。在他的影响和带动下，众将士也都斗志高昂，奋勇杀敌。这次交战，晋军大败，楚军大胜回朝。最令人感动的是，在楚庄王遇见危险的时候，这个战将奋死护驾。

战罢回朝，楚庄王照例要论功行赏，找来那位战将，问他要什么赏赐。出人意料的是，这位战将立刻跪下，表示自己不要任何赏赐，他说："赏赐，大王已经给过臣下了：几年前，臣在大王宫中酒后失礼，犯的是死罪，应当处死，可大王不仅没有加以追究，反而还设法保全我的颜面，臣甚为感激。从那时起，我就对大王的恩德时刻牢记在心，准备等待机会报答大王。这次上战场，也正是我立功报恩的机会，所以我才不惜生命，奋勇杀敌，就是战死疆场也在所不惜。我就是几年前庆功宴上那个被王妃拔掉帽缨的罪人，而大王饶恕了我，我自当以死为报。"

楚庄王听了以后，大为感叹，庆幸自己当初宽恕了他的无礼，不然早已命丧黄泉。想到这里，楚庄王就把许姬赐给了这个将军。

楚庄王自己的妃子被人调戏，本来那位将军已经失掉了君臣之礼，按照那时的律法即使是处斩也不为过，在场的人也不会觉得有什么不妥。但是楚庄王不能不令人佩服，他人对君王的妃子无礼，是对君王的大不敬。可他不仅没有加以追究，还及时采取措施保全他。在自己得理的时候，放他人一马，必然会得人心。

冤家易结不易解，谁都退后一步才能够化解矛盾，如果大家都针锋相对的话，小小的争执可能就会变成大规模的冲突了。得饶人处且饶人，给对方一条生路，也是给自己留有回旋的余地。

对手是一生难能可贵的财富

对手是我们前进的动力，对手是我们一生难能可贵的财富，他能激活我们的最大潜能，他能使我们学到更多的东西，他能使我们变得日益优秀，并最终成为赢家。因此，对手是智慧的源泉、力量的结晶。

拥有一个强劲的对手，它会激发起你更加旺盛的精力和斗志。所以，最好的办法不是打败对手，而是友好地站到对手的身边去，把他变成自己的朋友。

古人云："生于忧患，死于安乐。"这句话意思是说，忧患可以使人勤奋，从而更好地生存，而安乐则会使人懒惰，因此而死。如果我们不想死在安乐中的话，那么，在人生的竞赛场上，我们只有一条路，那就是变压力为动力，并充分发挥自己的聪明才智，极大地发扬自己的创新精神和奋斗精神。在不断努力、奋斗的过程中，我们就会更加进步，更加强健。因此，可以说，对手是智慧的源泉、力量的结晶。

对手是我们前进的动力。因为对手是一面镜子，能照出我们的缺点和不足，在工作中我们需要动力，而对手的存在，正是我们不断进步的力量源泉。只有拥有真正的对手，才能让我们思想进步，并激发我们无穷的斗志，使我们成为赢家。所以我们呼唤这样的对手，也珍惜这样的对手。这不仅是一种胸怀，更是一种睿智。

比尔·盖茨的两则陈年旧事，非常耐人寻味。

美国的 Real Networks 公司曾经向美国联邦法院提起诉讼，指控比尔·盖茨的微软公司违反反垄断法，并要求其赔偿 10 亿美元。但在官司还没有结束的情况下，Real Networks 公司的首席执行官格拉塞却致电比尔·盖茨，希望得到微软的技术支持，以使自己的音乐文件能够在网络和便携设备上播放。所有的人都认为比尔·盖茨一定会拒绝他，但出人意料的是，比尔·盖茨对他的提议表现出热烈的欢迎。他通过微软的发言人表示，如果对方真的想要整合软件的话，他将很有兴趣合作。

众所周知，微软和苹果两大公司自 20 世纪 80 年代起就一直处于敌对状态，乔布斯和比尔·盖茨为争夺个人计算机这一新兴市场的控制权展开了激烈的竞争。到了 90 年代中期，微软公司明显占据了领先优势，占领了约 90%

的市场份额，而苹果公司则举步维艰。但让所有人大跌眼镜的是，1997 年，微软公司向苹果公司投资 1.5 亿美元，把苹果公司从倒闭的边缘拉了回来。2000 年，微软公司为苹果公司推出 Office2001，自此，微软公司与苹果公司真正实现双赢，它们的合作伙伴关系进入了一个新时代。

常人不可理解的两件事都发生在比尔·盖茨身上，这绝对不是一个巧合。比尔·盖茨的成功，源于很多因素，包括他对商机的把握和他天才的设计能力，但其中还包括他对他的对手所采取的态度。面对对手，一定要不屈不挠、咬紧牙关、迎面而上、绝不退缩——这似乎是共识，但明智的比尔·盖茨选择了另一种方式：站到对手的身边去，把对手变成自己的朋友。

许多的人都把对手视为心腹大患，是异己，是眼中钉，是肉中刺，恨不得马上除之后快，其实只要反过来仔细一想，便会发现，拥有一个强劲的对手，反倒是一种福分、一种造化。因为一个强劲的对手，会让你时刻有种危机四伏的感觉，它会激发起你更加旺盛的精力和斗志。要知道，当你决定打败对手的时候，对手也想着打败你，他既然能成为你的对手，就一定跟你实力相当，不好对付，所以，最好的办法不是打败他，而是像比尔·盖茨那样，把他变成自己的朋友。

李运在一家公司做部门负责人，在公司他很受总裁的重视。但是不久，公司招了一个新的负责人，这个人的工作能力非常强，又特别会处理同事间的关系，很快得到了总裁的青睐，李运的地位很快被他代替了。

他们明着是在进行各自的工作，但暗地里却是无时无刻不在进行着竞争：想让自己的部门走在前面、想让自己的方案得到总裁的肯定，等等。几个月下来，对方的业绩明显高出李运很多，而他得到的重要工作也明显地增加了。

总裁的轻视、自己手下员工的不满一下子给了李运莫大的压力。面对竞争，李运首先是找自身的不足，改变策略，调整好心态，努力完善自己。大家都工作时，他用 10 倍的认真去对待；大家下班时，他继续钻研业务，调研市场，寻找工作中需要完善的地方，充分掌握行业内的最新动态。

就这样，在他的努力下，几个月以后，他向总裁提出了一份完善的工作改进计划，总裁又一次肯定了他的重要性，不仅再次重用了他，还将他的职位提升了一级。

事物的法则，永远是用进废退，这是颠扑不破的真理。一个人要想在异常激烈的社会竞争中不被淘汰，还是有一点儿危机感为好。在生活和工作当中出现竞争对手并不是一件坏事情，相反，倒是一件好事，因为他能使你充满活力而富有朝气。

在工作中，不要把能力比我们强的人当成我们成功路上的绊脚石，我们应当树立正确的竞争观念，正是有了强大的对手，才促使我们不断努力，也正是竞争对手的存在，才激励我们不断完善自我，弥补自己的不足，并充分激发自身的潜能，不断超越自我，只有这样才能踏上成功的道路。可以说，没有竞争对手，我们就不能更好地发展；没有竞争对手，我们就不能更强大。因此，我们要善待竞争对手，更要感激竞争对手，是他们使我们逐步走向了成功。

用平和的心态看待世上的不公平

世界上根本就没有绝对的公平，因此，我们不必事事都拿着一把公平的尺子去衡量，这样做无非是自己和自己过不去。

我们每个人都渴望社会的公平和公正，但这只是一个理想。每时每刻，我们都有可能不公平地对待他人，也有可能受到他人的不公平待遇，这是社会现实。如果过多沉醉于那些公平的思考，会使我们背上沉重的“渴求平等”的包袱，就会产生消极的情绪，从而完全演变成为一种对生活、对自己的苛刻。

上帝对每一个人都是公平的。给予了你此，便不会给予你彼；给予了你彼，便不会给予你此，总之，十全十美的事情是没有的，因为，我们每一个人都生活在这个世界里，我们所取得的一切，都是我们自己努力的结果。有的人努力多，得到的就多；有的人努力少，得到的就少。所以，生活在这个世界上，我们不需要抱怨什么。对自己现状不满意的时候，与其抱怨，不如仔细检讨自己什么地方不如别人，所谓求人不如求己，正是这个道理。

但是，现实生活中绝对的公平并不存在，你寻找绝对公平就如同寻找神话传说中的神话一样，是永远也找不到的。

这个世界不是根据公平的原则而创造的。譬如，鸟吃虫子，对虫子来说是不公平的；蜘蛛吃苍蝇，对苍蝇来说是不公平的；豹吃狼、狼吃獾、獾吃鼠、鼠又吃……只要看看大自然就可以明白，这个世界并没有公平。飓风、海啸、地震等等都是不公平的，公平是神话中的概念。人们每天都过着不公平的生活，快乐或不快乐，是与公平无关的。

其实，只要我们换一种方式去看人生，就会发现在这个世界上，一切都是公平的。换言之，也就是你究竟如何看待事物或不平等的事情了。

生命中的许多东西是不可以强求的，那些刻意强求的某些东西或许我们终生都得不到，而我们不曾期待的灿烂往往会在我们的淡泊从容中不期而至。我们常想悟出真理，却反而因为这种执著而迷惑、困扰。只要恢复直率之心，彻底地顺从自然，幸福就随手可得了。

小涵上高中的时候，班里从外地转来一位女同学，她的名字叫孔祥春，她的到来，打破了小涵从来都考第一名的神话，两个女孩开始较上了劲儿。

不久后，小涵发现，孔祥春不但成绩好，性格也开朗活泼，学校有什么唱歌、演讲等活动，她总是积极参加，表现都很出色。而且小涵还隐隐听到同学议论，说孔祥春的爸爸就是新调来的孔副市长，是这个城市理所当然的公主。想到自己开杂货店的父母，小涵不禁有些伤心，她知道，自己从家庭到个人表现，比孔祥春总是差一大截。于是小涵加倍努力，把时间都用在学习上。功夫不负有心人，高考后她非常顺利地考入北方一所著名的工科大学的应用化学

系，孔祥春的发挥却有些失常，只进了一家师范学院的外语系。直到此时，小涵才暗暗地松了一口气。

但是上帝却偏偏和世人开玩笑，毕业之后，因为专业太冷门，再加上个人性格的原因，小涵的工作并不好找，最后勉强在一家公司的技术部门做了一名小职员。孔祥春却是天生的幸运儿，她一毕业，就凭着一口流利的英语和出色的形象，当上了省电视台的少儿节目主持人，成为一颗引人注目的新星。同学聚会时，她挽着英俊儒雅的丈夫一起出场，让众多的女同学羡慕不已。

小涵从小就是一个心高气盛的女孩，在与孔祥春的对比中，她一次次受到深深的打击，心情非常灰暗。一个偶然的机会，她在电台上听到一个心理辅导的节目，忍不住拨通了电话。听了小涵的倾诉，声音平和悦耳的女主持告诉她："你一直在追求一种虚幻的完美，越是难以达到，越是不懂得放弃。你为什么总是盯着身边最幸运的人，与她比较呢？今天你已经大学毕业，有稳定的工作，有广阔的前途，年华正好，身体健康，你多年的努力，已经得到了回报啊！"小涵一时无语，突然意识到，孔祥春的阴影，正是自己多年的枷锁，自己单向地比来比去，人家可能根本只当她是一个普通的同学，想一想，真是没有必要。把注意力放回到自己身上之后，小涵发现，可做的事情其实很多，幸福其实一直都在触手可及的地方。

爱默生说："一味愚蠢地强求始终公平，是心胸狭窄者的弊病之一。"生命是宝贵的，它由不得我们随意浪费，如果总是把自己陷入到不公平的消极情绪中，就会造成明日的蹉跎和生命道路的空白。因此，我们不妨换一种心态，珍爱生命，活出自我。做自己喜欢的事，让我们主宰自己的命运，我们要在人生有限的时间里，实现自己的人生价值，让我们的生活过得更充实，更有意义。

生活中，我们总是考虑自己未得到的东西，却往往忽略已经拥有的，不知足者最苦恼。人心不足蛇吞象，其实我们每个人到底有多大的力量，只有自己最清楚，只有知足者才能保持一种良好的心理状态，让自己的需求和承受能力相对地维持平衡，能够在纷繁复杂的社会里找准自己的位置。

第八章

【高调的信誉】

透支了信用就是透支了生命

一个人，如果彻底让别人对他，对他的思想、行为，一切的一切，没有一点保留地失去了信任，那么这个人，能干成什么呢？诚信，是一个人生存的根本，因为每个人都是社会的人，他的一举一动，一言一行，都离不开社会，离不开他人的关注。

背信就是自毁前程

一个人要讲信用，要对自己说过的话、做过的事负责，这就是一个人的信用。《论语》说："人而无信，不知其可。"一个言行不一的人，常被人们斥之为小人，而不讲信用的人，最终将会失去良好的人际关系，对下级不讲信用，会遭到他们的反对而失去应有的威信；对上级不讲信用，会导致自己在他们的眼中失去信义；对其他单位失去信用，将会导致公共关系的中断，是发展的大忌。

在青岛有这样一位创业者，这位创业者叫张进，他在台东三路开了一家饭店，生意不是很好，他每天都在想如何能把饭店做大。有一天，饭店的生意不是很好，没有什么顾客在吃饭，张进在和饭店的领班李微一起聊天。张进说："阿微，你有什么办法能把咱们的饭店的业务做大，我给你提成流水的20%。"阿微说："老板，您说话算数吗？"张进说："肯定没问题，你尽管想办法，只要是你拉来的顾客我就给你提成，'君子一言，驷马难追'。"阿微说："好，那我可就动用我姐夫的关系，让他们单位的人都来咱们饭店吃饭。"原来，阿微的姐夫是市直属单位的一位领导，每年的业务招待费大概是100万元左右，阿微真的把他姐夫这个业务给拉来了，和他姐夫不错的朋友们也来这儿吃饭。经过阿微的努力，饭店的生意终于起死回生了，来吃饭的人越来越多，同时张进又开了一个分店。

到了年底，阿微提出来要拿提成的事情，张进以没有合同为由，说当时只是开个玩笑，只同意给阿微涨20%的工资，阿微什么也没有说，辞职走了。

过完春节，饭店开张后，生意就一落千丈，根本没有什么人来吃饭，过了半年，把分店给关闭了，又过了几个月，总店的生意也不好，这时张进想起阿微，又和阿微谈提成的事情，阿微说："张总我做不到了，我姐夫他们单位今年都去我现在的饭店吃饭，老板给我40%的提成，半年已经结过一次了，对于你来说，是没有机会了。"说完阿微就走了，张进听完阿微的话，发出了后悔的叹气声，最后饭店转出去了，被阿微现在的饭店老板给买走了。张进为了一点儿利益而失信于阿微，从而失去了最好的伙伴，以致生意惨败。

信用是一个人安身立命的根本。一般说来，那些人脉关系超好的成功人士都具备五项素质：智，信，仁，勇，严，这里的信就是做人必须讲信用，"大丈夫一言既出，驷马难追"，说明人们对信用的渴求。

警醒自己是否答应别人什么事情？是否已经做到？如果是由于一些原因没有实现，如何弥补造成的影响？如果做到了，自然能够树立一个良好的信誉。

信誉是生存和发展的法宝。作为商人，信用是成功的关键，背信则是自毁前程。人们首先相信你这个人，才会相信你的事业和产品。这也是许多商人的成功之道。

对待承诺一定要"说一不二"

承诺即诺言，就是答应别人的话。而对人许诺并且真正地说到做到、兑现了诺言的人，是值得交往、值得信赖的人。承诺是庄重的、严肃的，故此对别人许诺了，就要去实现诺言，不要再找借口推脱。

为人处世，信守诺言是非常重要的。那些受欢迎的人，常具有各种优异的特点，其中最显著的特点便是具有遵守诺言的美德。

守信，是中华民族的优秀文化传统之一。自古以来，讲信用、守信誉的人，才能获得真正的成功，这种成功也才能够持久。一个随意丢弃信誉的人，是不会得到任何人的认可的，这样的人也不能做成什么大事。

东汉时，汝南郡的张昭和山阳郡的范式同在京城洛阳读书，学业结束，他们分别的时候，张昭站在路口，望着天空的大雁说："今日一别，不知何时才能见面。"说着流下泪来。范式拉着张昭的手说："兄弟，不要伤悲。两年后的秋天，我一定去你家拜望老人，同你聚会。"

两年后的秋天，落叶萧萧，张昭忽然听见天空一声雁叫，牵动了旧情，不由自言自语地说："他快来了。"说完赶紧回到屋里，对母亲说："妈妈，刚才我听见天空雁叫，范式快来了，我们准备准备吧！""傻孩子，山阳郡离这里 1000 多里路，范式怎会来呢？"他妈妈不相信，摇头叹息："1000 多里路啊！"张昭说："范式为人正直、诚恳、极守信用，不会不来。"老妈妈只好说："好好，他会来，我去备点儿酒。"其实，老人并不相信，只是怕儿子伤心，宽慰宽慰儿子而已。

约定的日期到了，范式果然风尘仆仆地赶来了。旧友重逢，亲热异常。老妈妈激动地站在一边直抹眼泪，感叹地说："天下真有这么讲信用的朋友！"范式重信守诺的故事一直为后人传为佳话。

讲信用、守信誉，是立身处世之道，是一种高尚的品质和情操，它既体现了对人的尊重，也表现了对自己的尊重。

一诺值千金，这是一个人的信用问题，良好的信用和品质比金子还珍贵。因此，许了诺就要去实现，而在自己做不到的情况下不要轻易许诺，因为许诺而不兑现，就是失信，失信于人比失去任何宝贵的东西更可怕。

实话实说是获得别人信任的妙方

做人的诚信度常与一个人说话有关。诚信的人总是实话实说，不动歪脑筋。尽管诚实的人有时会被嘲笑，但最终会得到人生的奖赏。因为这样你可以换来他人的真心。

不管是做人还是做生意，诚信都是成功的根本。谎言虽然听起来感觉很美妙，但谎言毕竟是谎言，再美的肥皂泡总归是要破灭的。与其等到破灭的那一天，还不如一开始就实话实说。

龙先生是一家大型建材城的老总。十几年前，他经营着一家小建材商店，欠了一位供货商的钱。有一天，那位供货商派人带着欠条来收款，龙先生正好手头拮据，就请对方宽限几天，引起了对方的误解，以为他故意找借口来逃债，于是，当即向法院起诉他。

在法庭上，龙先生的律师说："法官先生，我们对欠条上这个签名的真实性表示怀疑。"

龙先生知道，凭这个理由，法官就得传唤证人，这样耽误几天，自己就有时间还钱了。但他没有这么做，而是突然站起来，对那位律师怒吼道："律师先生，这是一张真实的欠条，正是我签的字。我只是想让你说服法庭缓些时间，并不是叫你到这儿来撒谎的。"

律师羞愧地离开了法庭。法官经过调解，对方最终同意龙先生推迟还款的日期，龙先生也因此树立起了自己良好的形象。大批供货商愿意赊货给他而不怕他赖账，所以，他的事业蒸蒸日上了，最后成了一家大型建材城的老板。

在市场经济社会的今天，虽然一切金钱至上，但是你若想赢得别人的信任，你就必须诚实待人。一个没有诚信的人，别人是不敢和你交往的，也不想和你交往，无论人类文明发展到何种程度，诚实作为优良品质都是不可或缺的。

俗话说，人心都是肉长的。你只要把你无法预知的困难坦白地向对方说明，对方一般不会过度为难你，因为对方已经明明知道你为此尽了全力，只是由于不可抗拒的客观因素才导致如此结果，而且你并非是在刻意地强调客观因素而推卸责任，人们没有理由不谅解你。

巨人集团的老总史玉柱因经营上的失误，导致巨人集团在瞬间轰然倒地，不但苦心经营的事业毁于一旦，还背负上几千万元的债务。一无所有的史玉柱面对挤破门槛前来讨债的人们，只是说了一句话："我欠你们的钱是要还的，但不是现在，我现在也没有钱还你们。"愤怒的债权人没有一个相信史玉柱的话，后来的结果大家都知道了，史玉柱不仅还清了所有的债务，还东山再起成立了巨人网络，汶川大地震发生后，史玉柱先生还以个人的名义为灾区捐款2000万元。史玉柱以自己的实际行动告诉人们：他是一个重承诺和有着极强社会责任感的人。现在还会有谁怀疑他不守信用呢?

诚实是一切美德的根本，要获得别人的信任与重视，你首先应该做到诚实。欺骗别人的人，最终被欺骗的是自己。

永远不要忽视诚实的价值

"诚实是最好的策略。"投资诚实，也许不能马上获得回报，但它永远不会贬值。真诚的人会赢得更多的机遇，机遇总是垂青于诚实可靠的人! 如果你讨厌正直与诚实，那么能给予你机会的人同样也会讨厌你。如果一开始你就让别人感觉到你很狡猾，别人就会自然而然地设立一道防护的屏障，来抵御潜在的威胁。

诚实正直会让领导喜欢你、信任你、委你重任。诚实与正直具有强大的亲和力，它可以让你的上司和合作伙伴产生与你交往的愿望，如果他们认为你是诚实正直的，他们会向你敞开欢迎的大门。

某公司因为某些原因生意上受挫。但是，这家公司的职员不仅袖手旁观，还在旁边幸灾乐祸："其实，我早就料到他会有这么一天。我不说，是因为我不想让自己掺和进去。"这种"见死不救"的职工，很难说是诚实正直的，一损俱损，公司遭难，职工又怎会得到更多的报酬呢?

当领导处在进退两难的境地时，作为旁观者就应诚实地说出对他有价值的建议。如果你发觉领导和同事正滑向一个错误的方向，就应该勇敢地加以阻止，即使他不可能接受你的劝告，但是你却证明了自己的诚实。你没有因为他是领导而虚伪地迎合他，你在心理上是欣慰的，因为说出真话会让人觉得胸怀坦荡。记住，"君子坦荡荡，小人长戚戚。"你说真话是为了改正他人或者集体的错误，也是在挽回不必要的损失。

诚实是一张最佳的个人名片。一个正直的人会在适当的时机做该做的事情，说该说的话。诚实坦率就意味着对待自己也要问心无愧，对待他人的意见也要从善如流。诚实的人不仅勇于向他人提出建设性的批评，而且也乐于听取建设性的批评意见。例如善于倾听周围人的种种怨言，认真地加以评估，去伪存真，不断地完善自己。如果你自以为是，不愿意花费时间听取他人意见，对他人而言是不正直的，对自己则是不诚实的。

正直就意味着不要说谎。有的谎言有时并没有什么恶意，也不会造成什么危害。相反，诚实的人会逐渐形成宽容博大的胸怀，而且说真话还是获得别人信任和尊敬的唯一方法。说它是唯一方法，可能会引起争论。一个人可以凭借优雅的风度、仁慈的行为、丰富的知识，或者其他美德，赢得他人的尊敬。但是，一旦他有谎话被拆穿，所有的优点就会烟消云散。只有真诚地袒露自己的心灵，真正做到诚实无欺，才能赢得别人的尊重和信赖。如前段时期被炒作得沸沸扬扬的"捐款门"，就是因为某些人士有说谎之嫌，而一时间成为声名狼藉的众矢之的。

在工作中，许多员工以为撒个小谎无伤大雅，因而乐此不疲，结果就会变得十分糟糕。因为他每说一个谎，就得编下一个谎言去圆谎，这样不仅他自己会变得很累，周围的人迟早也会揭穿他的面目。诚实正直也许会使你暂时失去一些东西，有时候，也许会被人嘲笑，但是如果你能坚守这一品格，最后就会得到应有的回报。

如果你是一个可以信赖的人，那么公众会认为你的一举一动都是诚实可靠、光明磊落的，上司也会理所当然地将更多的升职和奖励回馈给你。因此，永远都不要尝试说谎，只有这样，你的心灵才会纯洁，才能养成自律的习惯，工作和生活的环境才会变得宁静平和。

一家大公司的老板谈起他们的录用标准与晋升尺度时说：别的公司的录用标推与晋升尺度有些什么，我不太清楚。我只能说，我们公司最注重的是应征者的诚实态度和是否正直坦率。一般来说，如果一个人在金钱使用上有了不良的记录，或者因为不诚实有过惩罚记录，我们公司就不会雇佣这个人。我们这样做的理由有四点：

第一，我们需要有责任感的员工。以前的种种不良记录就表示那个人在人格上有缺陷。在金钱上不守信用，和不诚实的偷盗又有什么两样呢？

第二，如果一个人在金钱上不守诺言，你能相信他还会对其他事情守信用吗？

第三，我们需要的是兢兢业业为公司效力的人，很难想象一个没有诚意、投机取巧的人会在他的工作岗位上尽职尽责。

第四，我们不想自掘墙角，因为财务问题会导致很高的犯罪率。如果一个人无法妥善地解决自身的财务问题，我不敢保证这个人会不会挪用公款、偷窃。我可不想我的公司是一个罪犯的“发源地”。

这家公司的用人标准说明了这样一个问题：诚实是衡量一个人品行的尺子，无论什么时候、什么地方都可用于检验一个人。

事实上，许多单位都很注重一个人的品行，并且以此作为晋升、任用的标准。即使有些人工作经验丰富、技术熟练，如果不诚实也不会被任用。不为利动，没有私心，在任何情形下都言行诚实——这种美誉，其价值比从欺骗中得来的利益既来得正，也来得多。

总而言之，一个诚实正直的人，获得财富和晋升的速度可能不如弄虚假、投机钻营的人来得快。那些善于溜须拍马、阿谀奉承的人，或许短时间内可以获得很高的利润，但很难长久。如果你是一个诚实正直的人，你的成功会是一种真正的成功。即使在金钱、地位上一时达不到一定的程度，你的人格尊严和受人尊敬的地位已经永久地稳固了。而崇高的人格和良好的声誉将会是你得到老板重用和获得高薪的保证。

永远不要忽视诚实的价值，如果一个人回首自己的工作历程时可以问心无愧地说："我一直都是诚实正直的！"那你就有理由相信，他一定是一个成功人士。

不要开"空头支票"

失信于人、说话不算数、许诺不兑现，意味着你失去了做人的起码品质，意味着在别人眼中你失掉了为人的信誉。这个损失有多么惨重，你当然会掂量得清清楚楚。

当你对任何一件事情许诺的时候，都必须慎重地掂量，它价值千金！无论对大人对小孩、对恋人对仆人、对妻子对父母、对同事对朋友、对上司对下属、对老师对同学、对任何人都是这样。无论你的许诺在什么时候做出的都是这样。你的许诺价值千金！

做出许诺之前，你首先得掂量它对人有无意义，价值几何，凡对人没有意义和价值的许诺，你绝不可做出。其次，你得掂量你有无时间、精力和才能实现你的许诺，如果没有足够把握时你绝不可做出。你还得多方面估计，实现你的许诺是否还需要其他条件的辅助，你具备那些条件吗？凡没有把握实现时，你最好不要做出许诺。

当然，如果你认为这样太瞻前顾后，太谨小慎微，有时你也不妨做出一些大胆的许诺。只是在你做出许诺的同时，必须告诉对方可能出现的各种困难和不能实现的可能性，亦即不要把话说得太绝对，让人家事先有心理准备，一旦未能实现，不至于过分地对你失去信任。

在感到自己做不到时，你最好不要轻率地向别人许诺，这样会有许多好处：别人只能表示遗憾，并不会认为你说话不算数，因而不会产生对你的不信任感；在很多情况下，事情和形势已经变化了，你做不到但并没有许诺，事后你也不会受窘。

其次，在你已经许诺了以后，你就应该认真对待，努力地去实现它。一个小小的承诺，比如"我今晚9点回家"。如果在你完全可以做到的情况下不要掉以轻心，你已经许诺9点钟回家，如果这时你的同事邀请你出去玩，时间可能要拖到10点，你应该怎样做呢？你应该婉言谢绝同事的好意相邀，按时回家。

虽然这是一件小事，但它足以让你诚实的形象光芒闪耀。

除轻诺寡信之外，好耍小聪明、玩弄手腕者也大多失信于人。这样的人也许可以一时欺骗蒙哄某些年幼无经验者，可以得利于一时，赚到一笔钱，捞到一些便宜。可是第二次或第三次，你一旦被识破，别人就不会再相信你了。你必将得不偿失。从根本上看，从总体价值上看，你骗到的是一粒芝麻，丢失的是一个大西瓜。

为自己的每一个诺言负责，看似迂腐、愚蠢，但其收益远大于付出。言出必行、一诺千金的良好习惯，能使你在困难的时候得到真正的帮助，会使你孤独的时候得到友情的温暖，因为你信守诺言，你的诚实可靠的形象推销了你自己，你会在生意上、婚姻上、家庭上获得成功。从这点上说，为诺言负责的人是一个真正的人生智者与赢家。

这并不是空话，有许多事实可以证明这一点，国内外许多知名度很高的企业无不把信誉推到第一位，受人尊敬的人无不是守信用的楷模。相反，有些人随随便便地向别人开"空头支票"，到头来又不兑现，他们无论在哪一方面都不会成功。

第九章

【高调的表现】

在竞争社会要勇敢地展现自己

生活和工作中应当怎样展现自己的才华和魅力，为他人所知，为公众所认，这是实现人生自我价值和把握人生机遇的关键。对这个问题，许多人觉得表现自己就是抬举自己，是不谦虚、不自量的表现。其实这是老观念，在社会竞争日益激烈的今天，就要敢于表现自己，推销自己，真实地展示自我。一句话，表现自己不为过，你不争取更待何时？

“推销”自己是一生都要做的事情

其实我们生活中，每天都与不同的人接触，经常出现在不同的场合，时时都有推销自己的机会，如果你努力去寻求好的机会，多用心去寻求机会，就会使你创造更多的价值，使你获得更多的回报。

年轻人要想推销自己，就先得认真地观察周围的环境、别人的言行举止，选择什么样的人对你是有益的，什么样的机会对你是有利的，当你认准某个对你有益的人和机会，就要及时地把握，千万不要等待，机会也许会在那一瞬间就丢失。年轻人要想推销自己，同时也要有目的地寻找所需要的机会。

不到 30 岁的张明已经是一家刚在中国发展的财务公司中国区负责人了，他很清楚要得到各方面的助力，就要用尽一切手段推销自己。于是在南北通关的过程中，总是记得送上中国没有种植的热带水果，像莲雾和番石榴等，甚至对一时下台的领导，也从不放弃嘘寒问暖，重点是要在态度上让对方切实感受到自己的真诚。

一次，公司要拓展办公室，当时一平方米的楼价即高达 9000 多元，按公司总部给张明的预算根本无法负担如此庞大的费用，但此时，救命的贵人却出现了，原来，他的人脉组合发生了效应。以前，张明曾到医院去探视过一位领导的太太，而且还是第一个去拜访的，没想到，这位退休领导将这事深深地记在脑海中，于是愿意主动出面与业主斡旋，让他可以便宜地以一平方米仅 7800 元的价钱购得，这足足为张明省下 20 多万元，这一切都要归功于平日张明“推销”自己的功劳。

推销自己是很重要的，但是，要懂得掌握方法，想办法触动人心，让人们觉得在这个领域中，你是独一无二的。最简单的方法，就是掌握两个准则：一个是有创意，另一个，是要符合常理。

小王最近一直在找销售方面的资料。他把这个消息告诉自己的朋友，朋友也在找相当的机会，他们就一起分析，同时小王又去找相关的同事询问，结果掌握了很多的相关资料，同时也增进了与同事、领导之间的感情。更进一步了解了目前公司的现状、市场行情，同时增进了小王各方面的知识。

在某一天下楼时，小王碰到另外一个部门的经理一起下楼，小王就在下楼的一瞬间，跟上那个领导问他到哪里吃饭，抓住这个机会询问他们部门的情况，以及市场行情，结果了解到他们部门缺少研发人员。小王就说自己现在比较清闲，并表示想帮忙，结果他就说把我调过去。这样小王又获得一个机会。生活中的机会是很多的，一定要用心地去把握。

把握机会推销自己，就能获得更多的机会。选择重于努力，要想把握好的方向，一定要多与别人交流，就会获得更多的信息供自己分析，别人才能更了解你，提供更多的机会。才能更好地把握自己的人生，人生的道路才更开阔。

如果你想要有效地营销自己，就必须增加自己“曝光”的频率，让别人可以有机会认识你。二十几岁的年轻人可以多参加 EMBA、各种兴趣协会等团体，即使像公司内部的工会、旅游团、健身俱乐部等团体，也都是把自己推销给别人的途径，是一个可以展现自己形象的机会。尤其是现在通过网络交友、网络读书会、网络论坛、MSN 互动、BBS 的交流，甚至于通过建置博客（Blog），都能随时在网络上抒发自己的想法，让自己的人脉网络快速扩充。因此，只要多用点心，想推销自己并不难。

不仅要学会做事，还要学会“做秀”

年轻人要想在职场中生存，不仅仅要学会做事，更要学会做秀，为自己赢得好口碑。

拥有世界上最好看羽毛的孔雀，如果不会开屏，人们也永远看不到它的美丽。这个事实给我们的启示是：自身拥有傲人的资本，但也需要把自己的资本表现出来，否则自身的优势只能淹没在自我欣赏中。在变迁快速的职场中，仅有才技不见得就能脱颖而出。即使你是一个成就非凡的人，也不要等待被别人慧眼识中，总是默默地待字闺中，表现的机会就被一些不如自己的人占去了，岂不是让人郁闷。

在这个越来越注重真才实学的社会，如果你有才，一定要露，只是要在适当场合露。看看下面这个小故事，你会发现有人对这个准则运用得驾轻就熟。

杨威陪同总经理到东京洽谈一个300万美元的合作项目。已是深夜两点，在华灯璀璨的高层写字楼里，双方因为合作条件各不相让，谈判几乎陷入僵局。

一阵长时间的沉默后，对方社长松尾说：“如果总经理您这次先到敝公司而不是先到仙台的九州投资公司，我方就可以多做些让步。但是现在只能说遗憾了，因为这关系到彼此的信任关系。”说完松尾还咄咄逼人地看着他。

一向在谈判桌上驾轻就熟的总经理一下子无言以对，意外“卡壳”了。

杨威没向总经理请示便迅速地说：“这次公司的商业日程全部是我安排的，总经理根本没有时间来过问这些小事。我方决定先去仙台唯一的原因是考虑到交通费用问题。我们公司对出国费用都有严格规定，交通费也不例外。一旦超支，核销上就会有麻烦。根据这次出行的地理路线，仙台在东京北边，东京之行后我们还继续将往南去拜访其他的客户。由北往南走的路线是根据地理因素设计的，只有这样才可以将交通费用控制在预算内，绝无商业战略上的主次之分。如果行程也会影响谈判的话，那么就让我来道歉吧，总之跟总经理无关。”

松尾先是呆呆地看了总经理一会，随即站起来，深深地向总经理低下头说：“错怪了，请原谅。”事后，总经理对杨威说：“若不是你那番即兴发言，也许我们的谈判真会失败，你这脑瓜怎会转得那么快，可真帮了我的大忙。”谈判结束后，杨威被晋升为公司的副总。

问起杨威的“表现”之道，杨威的体会是：有些员工，为了能早日证明自己的价值，往往容易走两个极端：或者急于表现自己，太露锋芒；或者过于谦虚谨慎，缩手缩脚。前者会给人肤浅浮夸的印象，而后者会让人觉得你平庸无能。因此要在适当场合适时地、得体地表现自己的才能。

高明的做秀者往往能赢得人心，让别人为你死心塌地地做事。三国时建立了蜀国的刘备从某种意义上来说就是一个做秀的高手。

《三国演义》第十四回有这样一个情节：张飞醉酒失徐州后来见刘备，细说了原由，众人都因此大惊失色，唯恐刘备震怒。而刘备听后却豁然说道：“得何足喜，失何足忧！”表面上看，这是刘备对公事的评论，应该说还是挺大度的。对于张飞失徐州一事没有加以批评，因为他知道事已至此，批评也是没有用的，只怪自己用人不善。这也从侧面显示了刘备在做领导方面的艺术，勇于承担责任。然而此时的他，最担心的不是徐州失守，而是自己家人的安危，但他这时又不好意思直接问，关公看出了刘备的心思，便问张飞：“嫂嫂安在？”张飞说：“皆陷于城中矣。”刘备默然无语，其实不说话便是对张飞的一种责备，后来关公又埋怨了张飞，于是张飞便“掣剑欲自刎”，刘备便开始了他的做秀，如书中所说：“向前抱住，夺剑掷地”，然后说“兄弟如手足，妻子如衣服。衣服破，尚可缝；手足断，安可续？”听得关公和张飞感动得涕泪长流。

刘备通过一番做秀，赢得了两个副手的尊敬，使关张二人更死心踏地地为他卖命。这就是刘备的高明之处，把自己的私家事拿出来做场秀，使下属觉得自己公而忘私，赢得军心。

所以，有时候我们也要学会做秀，而且还要会做秀，一旦有了做秀的土壤，就会长出五颜六色的花朵。但是，做秀也要有个度，如果凡事不分场合和地点，一味地自我夸张、展现、炫耀性地“做秀”，不仅会引起大家的强烈反对，而且也可能会因此断送了自己的前程。

总之，“做事”也好，“做秀”也罢，一个人必然要学会顶天立地地“做人”。因为唯有顶天立地地“做人”，才能问心无愧地“做事”，才能给自己的人生留下绚烂多姿的美好回忆。

尽量让更多的人关注自己

困顿职场的年轻人，你想过没有？为什么与你资历相差不大，又有相同工作经历的同事，有的很快被提升、加薪，而有的尽管长年累月忙忙碌碌、辛辛苦苦却总是在原地踏步呢？

前面说的两种年轻人，差别在哪里呢？前者在工作中能积极、主动，有责任感和紧迫感。能够抓住一切有利机会展示自己的才华，为企业创利创收。他们很善于、敢于向领导提出自己的建议与想法，能把自己的前途、事业与企业的兴衰连在一起。他的所作所为为老板的事业前途、和经济发展提供了可靠的保证。而后者只是对分配的工作持以完成的态度，缺乏主动性和创新精神，久而久之自然会被老板视为“隐形人”。

人活在这世上就是为了在别人眼中展示自我，实现自我价值，“自我”二字永远是一个人一生的主题。而在职场中，实现自我价值则要靠吸引更多人的注意来实现。如果你想成为老板心目中的“重磅人才”，并为自己的才华找个展示的舞台，为自己事业的发展开辟一片新绿洲，不妨按照以下9条建议做试试看。

1.有强烈的时间感与责任感

从心底把自己的前途、事业与企业的命运连在一起，给自己一种奋发向上的内动力，从而使自己保持一种良好的精神气质和心理状态。从语言到行动给人一种成熟、真诚、自信的感觉。

2.努力成为公司不可缺少的人才

公司的老板，宠爱的大都是些立即可用，并能给公司创造较高利润和价值的员工。老板提职、加薪不仅仅是看你的本分工作做得好，更重要的是要看你对他未来的前途、事业与经济的发展有何帮助。所以作为员工，必须拼搏、练就紧跟时代节拍的专业特长，成为公司不可缺少的重磅人才，也为自己事业的发展、提职、加薪拓宽道路。

3.善于学习、虚心请教、加强自己的业务能力

首先，你要虚心地向同行业的同事、专家学习，较快地获取本行业先进企业成功的经验和失败的教训，加快自己内行、专长的步伐。其次，你可以多方收集与公司利益有关的信息、资料与技术进行整合、吸纳，获得增强企业竞争力的重要信息，为老板提供生产、销售的前沿资料，成为老板的好帮手。

4.忠实地执行老板的意图

老板之所以成为老板，是因为他在本行业内有丰富的经验和特殊的才智。作为下属，要做的是尽可能将老板的意图变为现实。尤其是接到临时任务，必须立刻动手，迅速、准确、及时地完成。

5.勇于承担责任

凡事不可能都按照自己的计划或意图来，所以每件大事都必须从最好处着手，最坏处考虑。对于特殊的事情，提前考虑好一旦失误的应急措施，做到惊而不失或惊而少失。工作中一旦出现差错，无论是领导指挥失误还是自己操作出错，都要勇敢地承担自己应该承担的责任，以维护老板的权威和颜面。同时也会为自己事业的成功增设一条新的途径。

6.不要将矛盾上交

向老板汇报工作时切记“不讲困难或少讲困难”，因为老板每天要面对内外复杂多变的环境，要比员工遭遇更多的难题，承受更大的压力。将矛盾上交，会使老板的情绪变坏，甚至给老板留下“工作能力差”的负面印象。所以遇到棘手的事，必须发挥自己的聪明才智，群策群力做好工作，扫清障碍，为老板排扰解难。用实际行动证明你比别人强。

7.向领导汇报工作要讲方法

向领导汇报工作最好先讲结论，如有时间再简明扼要地讲述事情发展的过程。因为领导分管的工作有限。有成绩时，要先感激别人，不要急于邀功请赏。记住，会议是展现自己才华的最好场所，很有可能你的才华会被会议上的“贵人”所重视，得以提升、加薪，加快你成功的步伐。所以每次参加会议都要根据会议的内容做好充分的准备工作。

8.对自己的工作要有计划性和应变性

对自己的工作按照年度、季度计划制定好月计划、周计划和日计划，根据企业发展的轻重缓急和难易程度随时应变，不要眉毛胡子一把抓。每件事情都要尽力做到高标准、严要求，低投入、高产出。为老板做好部门当家人。

9.学会与同事相处，得到他们对自己工作的支持

对同事的成功要学会欣赏、赞扬，更要努力学习，多与同事友好相处，有时间多关心关心他们，得到他们对自己工作的大力协助。水可载舟亦可覆舟。学会在工作与人际的大海中游泳。

善于让自己进入领导的视野

职场都是有潜规则的，既然你想提高自己，就要遵守这个潜规则，针对领导，首先要学会的就是尊重，不要时刻以自己为中心，看不起那个领导看不起这个领导，否则你永远都成不了领导。领导之所以是领导，就是因为其有过人之处，要抱着对方就是自己的铁哥们儿的心态来对待他，这样你才有可能获得领导的信任。针对职位，要干好自己的本职工作，不要抱怨什么，哪怕有抱怨也要回家后抱怨，多干点不要紧，领导是花钱雇大家来干活的，谁干得如何，他比谁都清楚，如果他连这点都看不到，他就当不上领导，所以领导的眼都是慧眼。

刚踏入职场的年轻人要想让自己进入领导的视野，接近领导身边的人，从而接近领导的一些空闲的业余生活无疑是一种不错的方法。例如老总喜欢打乒乓球，那么没事就多和他打上两回，回来的路上，顺便请领导吃顿饭，从而成为莫逆之交。领导的社会交往层次要高于我们，我们跟随着他，是提高自己交往层次的一个机会，层次变了人的综合意识就会改变。而在工作的时候，一定要学会让自己没有脾气，变得很职业，除了服从就是服从，自己总是开心的、乐观的、微笑的，这样做不但不会累，反而会很开心。做这些不是谄媚，而是让我们更好地活在这个社会里，这是一种生存技巧。

年轻人如何能不费吹灰之力受到领导的器重，让自己成为办公室的黄金人物？其实并不难，这只是一些脑力游戏，而不是辛辛苦苦、没日没夜的加班。

1.谈话技巧

肢体语言与说话声调是给人好印象的第一要素。一位语言学家曾说过：如果老板说话的语气非常柔和，你就得避免粗声大气地和他说话。学会用对方的音频和语言状态沟通，能帮助你与之达成和谐的境界。而且，老板总会受被他认为容易相处的人所说的话的影响，而不是那些态度冲动、语气恶劣的人。

你可以试试几个小招数：适当模仿老板的语气和声调，保持相同次数的目光接触，注意对方使用手势的方法与节奏。不过尽量避免让人觉得你在操纵一切，被影响与被操纵是截然不同的。

2.穿着讲究

谈到穿着，千万不要机械地模仿。一位形象设计顾问建议说，要穿着和老板风格相似而不是雷同的衣服，重要的是，永远别穿得比老板还出风头。聪明地模仿上司的穿着，会让他在不知不觉中与你感觉亲密。此外，化个清爽、大方的淡妆，也能为自己加分。

如果你的上司十分注意保养他的鞋，那么你要小心，别让自己的鞋上沾有污痕，鞋跟磨损了，应立刻去修补。相信同样爱惜鞋的老板会注意你的细节的。

还要注意一点，鞋应该配合实际场合来穿。如果穿着尖头高跟鞋跑上跑下，派送文件，既不得体，又不实用，到头来只是辛苦了自己。

3.会议手段

有一位心理学家说过："当你与老板一起出席会议时，座位的选择是非常重要的。一般情况下，请记住坐在他的左边。因为对他而言，右边是具有控制性及竞争性的，所以你应该坐在左边，表示服从他的意愿。"

同步性也是会议中重要的一环。当老板身体向前倾时，或当他把手放在桌上时，请你一一照做，暗示你与他的一致。

另外，抛开顾虑、冒着顶撞上司的风险在会议上发表意见，可能会带给你意想不到的好处。比如说，老板误会了某件事，你适时地打断并委婉指出，而不是让他继续误会下去，这能让他觉得，带你参加会议可以全然地放心。

当同事正在发言，却苦于无法明白地表达自己的想法时，你应该站出来，帮他阐明意见。你可以说："我很抱歉没弄清楚你的意思，你是不是说……"这证明，你有爱护同僚之心，并能与人和睦相处。

4.社交之星

了解上司的性格是你发展社交关系的一大助力。如果你刚接受新工作，多向同事了解老板的习惯和要求，弄清楚他是幽默风趣型，还是与下属保持距离型。同时，尽量不要拒绝别人的社交邀请，以免给人造成孤僻、不合群的印象。

你必须注意，当上司在场时，喝醉酒可不太恰当，千万别作出让自己后悔的举动或决定。

5.电子邮件

曾有心理学家分析指出，内向型的人比外向型的人更常使用电子邮件。所以，如果你的上司是较为内向的人，相对于面谈或听电话来说，他可能更喜欢读 E-mail，并以此方法与属下沟通。如果你想给看惯了普通黑白邮件的老板来点惊喜的话，那就多花些时间学习制作新意盎然的彩色动画 E-mail 吧。当然，别在上班时间做私人联络，以免招致他人的口舌。

最后，提示你一个简单受用的道理：当你要与上司谈一件重要的事时，别用 E-mail，而要通过面谈来表示你的诚意和决心。一起吃午餐是个很好的方式，既不会受到其他同事的干扰，又能和老板做最直接有效的沟通。

以良好的名声赢得“群众基础”

年轻人在职场中要有一个好的名声，良好的名声会让你获得更多人的尊重和信任，树立更好的口碑。

没有一个好名声，金子，也会失去价值；身份，也不会使人高贵；地位，也没有什么尊严；美丽，也不会有什么魅力；高龄，也不会赢得人们的尊敬。一个人的好名声，主要来自他做人的品格。品格就是力量，就是影响力。品格可以赢得人心，使人广交朋友，创造财富。优秀的品格是无价的财富，超过了宝石、金钱和显赫的地位，而塑造这种品格的工作本身就是人们的事业。

笔者有一个关于他亲身经历的故事：我 16 岁的时候，住在南卡罗来纳州马里恩县，那个夏天，我们家的农场要修建栅栏，父亲就派我买材料。那时候，乘坐我们家的小货车进城是我特别喜欢的事，但是这次我情绪却提不起来，因为父亲说我们现在手上没钱，我要去商店赊账。

我们家向来诚实。我们的账总是按期还清。现在收割还没开始，手里非常缺钱，店主会相信我们吗？

我到了戴维斯·布拉泽斯百货商店。收款台后面站着巴克·戴维斯，他正在和一个中年农场主说着话。我扛着挑选好的货物来到收款台前面，我很小心地说："这些货物我想赊账。"

那个农场主做了个鬼脸，他不信任地打量着我。但是巴克表情平静。"没问题，"他很亲切地说，"你父亲向来讲信用。"接着他转身对农场主说："这是詹姆斯·威廉斯的儿子。"

农场主听了，非常友善地朝我点头致意。我顿时变得非常自豪。詹姆斯·威廉斯的儿子，这几个字使我得到大人的尊重和信任。

从这件事里，我明白了好名声对建立信誉的巨大价值。我父母获得了好名声，我们全家因此受到街坊的尊重。谁都知道威廉斯的人品：一个正派的人，重承诺，自尊心强，不允许自己行为不端。

我们 8 个兄弟和两个妹妹，这 10 个孩子生来就受益于父母的美名，除非我们做错了事，损害它 。毁坏这个美名既有损自己，也损害我们关爱的人、爱我们的人。所以，对我们来说都关系到切身利益。

我们感到继承美名的责任，这成为我们努力向上、做正直的人的动力。我们希望周围的人都认为我们是好人，而且，经过长久的努力，我们的确成了很正直的公民。

我正是在保持美名、赢得尊重的愿望激励下，成了家族中第一个大学生。后来，又是因为这个愿望，我成功地在华盛顿特区开了一家公关公司。

现在我回到故乡的时候，人们都对我很尊重，因为我们兄弟姐妹把父亲的美名当成传世家宝小心地保持到现在。很多邻人都知道我取得的成功。但是，是父亲的美名为这成功打下了基础。

好名声不仅能给人带来实际利益，而且如一位成功人士所说，好名声是一个人最有效的推荐信，人生道路的通行证。为了给人留下好的印象，人每天都要修饰自己的面容；想要获得好的名声，需要持之以恒地实践诚实、勤勉、克制。上文中詹姆斯·威廉斯的儿子非常维护自己父亲遗留下的名声，最终也使自己受益匪浅。好名声能成就人生的荣誉，而坏名声则往往使人遗臭万年。

第十章

【高调的敬业】

你不仅仅是为了薪水在工作

你可以把工作看成是为老板工作，为薪水工作，也可以把工作看成是为自己的生存在工作，为自己的成长工作。不一样的心态，会决定你的行动是敷衍塞责还是兢兢业业、力求达到自己的最佳水平。当然，你也会因为自己不同的工作态度，获得不同的回报。

别人视为困难，你要视为挑战

只要一个人有远大的目标，通过坚韧不拔的决心，加上持之以恒的努力，就没有完成不了的事。

许多人一事无成，就是因为他们缺少雄心勃勃、排除万难、迈向成功的动力。不管一个人有多么超群的能力，有多么聪明、谦逊、和善，如果他缺少人生的目标，他将难有成就。

成功人士中，几乎没有人能解释得清楚为什么自己会执著地追求事业，把全部的精力只集中于一点。好像有一股看不见的神秘力量在指引着他们，而所作所为不过是顺应内心深处的启示而已。

约翰·坦普顿的高中时代是在田纳西州的曼彻斯特度过的。他的心里经常梦想着有朝一日要成为一家大公司的领导者。虽然这只是一名17岁男孩的梦，但却是其人生目标的萌芽。

进入耶鲁大学后不久，他的兴趣就从经营一般企业转移到研究评估公司财务上了。

大学二年级时，他的父母由于生活拮据而无法继续供他念书，迫使他陷入不知该休学就业还是该半工半读的窘况。

要做这个决定非常困难，但约翰因为有自己的梦想，因此他很快地就做出决定：无论如何都要坚持到毕业。后来他真的做到了。他不但每学期都有优异的成绩，而且也利用奖学金及一份兼职工作解决了学费与伙食费的问题。

三年后，他除获得经济学士的学位外，同时还获得著名的路德奖学金，并取得全国优等生俱乐部耶鲁分会会长的头衔，以极其优异的成绩毕业。以后的两年，他前往英国牛津大学进修硕士。此行对于他将来从事财务经营有很大的影响。

约翰回到美国后，便与一名田纳西女子结婚。随后，他前往纽约，正式开始追求自己的目标。他的起步是一家颇具规模的证券公司，他在里面的职位为投资咨询部办事员。

不久，朋友告诉他一家公司正在招聘年轻上进的财务经理。这家公司的名称是“国家地理勘察公司”，是一家石油勘探公司。约翰听说后就来到这家公司应聘，他认为这家公司可以让他进一步学到许多有关财务经营方面的东西，于是他就进了这家公司，一做就是四年。

四年之后，虽然这家公司业务非常稳定，而他的表现也不错，但是他觉得能学的也学得差不多了，他又开始怀念起老本行了。于是，一咬牙，他又回到了原来的那家公司工作，并等待机会。

最后，机会终于被他等到了，一名资深职员即将退休，这个人拥有 8 个相当有实力的客户，欲以 5000 美元出让。这对约翰来说是相当大的赌注，5000 美金相当于他的全部财产，若此举失败，他将会变得身无分文。而且这些客户接手下来之后，能不能留住还是问题。这时约翰再一次面对重大的决策。

最后，他一心想自立门户的决心战胜一切，他接下这 8 名客户，并且立即前往拜访，十分坦率而且诚挚地向他们说明自己的理想与计划，客户们都被他的热情与直率感动了，都表示愿意留下来观察一段时间。当时的约翰才 28 岁。

两年的岁月很快就过去了，约翰几乎每天都在为员工的工资和管理费用忙得焦头烂额，有时他连自己的薪资都拿不出来。两年之间，公司就是在这样的窘境下惨淡经营着。虽然如此，公司要求的服务品质并没有降低，反而愈来愈高。

熬到第三年，终于苦尽甘来，公司业务开始蒸蒸日上，客户也显著增加，约翰自立的梦想终于落实在现实的生活之中。今天，他已经是一家投资咨询公司的总裁，拥有将近 1 亿美元的资产，并兼任某大型互动银行的常务董事及数家公司董事。

于是,一名17岁高中生的梦想在不到40岁前实现了。

希尔博士曾这样说过:"我们要用强烈的成功意愿去磁化我们的大脑。这一磁化过程,能帮助我们吸引周围更多的人和物,并用这一强大的助力去完成大业。"这就是所谓"金钱意识"的运用要诀。

别人借口连篇,你要自动自发

行动能够让很多人实现他们的愿望,从芸芸众生中脱颖而出。如果人们都能全身心地投入到自己的工作中去,即便是能力一般的人,也能取得很好的成绩,即使是那些令人厌烦的人,也会使人改变对他的看法。

每一个老板都觉得勤勤恳恳、全神贯注、充满热情的员工更有价值。每一次晋升对他们都是莫大的鼓励。这些员工的积极心态也常常感染上司,上司也知道,这样的下属在尽力帮助自己,并且对那些喜欢逃避责任的员工也是一种激励。

另一方面,在那些冷漠、粗心大意、懒惰的员工的影响下,老板自己也会感到压抑、对工作失去信心,存在一种随遇而安的心理。因此,他会自觉地与有好心态的员工在一起,关心他们的生活,对那些不专心工作、开脱责任、不注重实绩的员工,有一种本能的排斥心理。

对工作的不同态度:或一心一意或三心二意,或充满热情或不以为意,或专注投入或不以为然,其最终的结果有着天壤之别。

当一个人喜爱他的工作时,你可以一眼看出来。他非常投入,其表现出来的自发性、创造性、专注和谨慎,十分明显。而这在那些视工作为应付差事、乏味无聊的人身上是根本看不见的。

这样的情形在办公室、商店、工厂里也经常见到。一些职员总是拖拖拉拉的，似乎连走路都要费很大的劲儿，让人觉得生活仿佛是一个很大的负担。他们讨厌自己的工作，希望一切都快些结束，他们根本就不明白，为什么别人能充满热情、干劲十足，自己却总是觉得什么都单调乏味。看着这样的职员，简直就是受罪。

作为一个企业家，爱迪生是属于实干型的。23岁时他开办工厂，招募了一批工程师、工匠，层出不穷地推出各种电气发明，这些人都热爱自己的工作，迷恋自己充满创造力的头脑和双手，每一个都是名副其实的工作狂，而爱迪生是“超级工作狂”。他每天的睡眠时间不到四个小时，他的办公室就在工厂一角，每当完成一项发明，他就站起来，跳起非洲大陆的原始舞，嘴里还念叨着：“这么简单的解决办法，怎么原来没想到。”这已经成了一种标志、一种信号，工人们看到老板跳舞就围过来了，他们知道又有新鲜事可做了。订单像雪片一样地飞来，在不断增加人手的情况下还要日夜开工。工人们没有抱怨，共同的兴趣在他们和爱迪生之间建立了友谊，何况这个不吝金钱的老板经常用金钱奖励他们。

那些处世乐观、积极向上的人，总有用不完的精力，他们神情专注、精神愉快，并且主动找事做，所以事业能够越做越大。

别人事不关己，你要乐于操心

“事不关己，高高挂起”是少数人的处世信条，他们总是在强调“独善其身”，总是在重复着“只扫自家门前雪，不管他人瓦上霜”的行为，并时时会为这种“识时务”而沾沾自喜。如果你仍然抱着这种态度来经营自己的企业、面对他人的危机，那么，这不但无法使你远离灾难，反而会将你推入万丈深渊，无力自救!

汾酒作为我国著名的白酒老字号品牌,曾为中国8大名酒之一,一直在白酒业处于遥遥领先的地位。可是,自从1998年山西假酒案发生之后,汾酒便一蹶不振,销量与当初不能同日而语,价格也在不断下跌。

很多人提到汾酒时,都认为是假酒害了这家企业,可事实上,真正害了这家企业的恰恰是企业经营者那种“只要事不关己,高高挂起”的心态。

当山西朔州最初发生假酒事件时,表面看上去似乎与汾酒毫无瓜葛。仅仅是事件发生地点与汾酒生产地恰恰在同一个地方罢了。于是,汾酒企业的经营者们便因此认定此事与自己无关,无须理会,所以并未有所行动。

然而,这种心理不但无助于汾酒度过这场危机,反而在后来发现假冒汾酒时,让企业的经营者们处处被动,直至逐渐走向下坡路。

当时,“假汾酒”被查出来,消费者便炸开了锅——消费者不知道此“假汾酒”非彼“假汾酒”,但是他们却知道,喝“假酒”轻则失明、重则死亡,有谁还敢喝?汾酒企业的经营者直到此时才开始着急,开始声讨制假、贩假者,开始要求加强法制建设。但是,这种着急是为自己着急,不是急消费者所急,所以消费者不会领情,不会觉得汾酒是一个良好的企业。

一部分经营者在处理企业问题时便持这种心态:当同行或竞争对手发生危机事件时,只要这个事件不会影响到本企业的经营和生产,他们就会认为这个危机与自己无关,从而任由事态发展而不去理睬,或抱着隔岸观火的心态,在一旁幸灾乐祸,有些行为恶劣的甚至还会落井下石。

粗略一想,这些危机和本企业的发展没有任何关系,但是,身在同一个行业,很多企业通常都是一荣俱荣、一损俱损的,特别是当一些会影响到整个行业形象的危机事件来临时,如果处理不当,隔岸观火者也很有可能成为众矢之的。

相比之下,古井贡酒的做法要明智得多,其董事长早就借着假酒事件在报纸上发表了一封公开信，指出中国白酒行业应该以立法的形式来杜绝造假这股不正之风，并表示将为假酒事件受害者家属捐助20万元人民币的抚恤金，同时告诫消费者在购买白酒时要谨慎。

这一举动在社会各界引起了很大的反应，各大报纸纷纷转载古井贡酒集团董事长的信，3.15专题节目也对该董事长进行了专访。这时就算市场上发现古井贡假酒，相信消费者的同情也会多于抵制。

许多领导者都是幸灾乐祸的时候多于承担责任的时候，当危机事件事不关己时，他们就会坐视不理，任其恶化；而当危机事件危及到自身时，他们最常做的就是推卸责任，急着告诉大家，“那不是我做的”——这是多么不负责任且自私的态度!

正确的方法是你始终要记住：邻居的房子着了火，如果你坐在那里看他一个人救火，那么，不久之后，你就会忙着救自己房子的火了。

别人三分干劲，你要十分卖力

每个人都懂得应该全力以赴，而更多的人想到的是能偷懒就偷懒。

盛田昭夫，第一个实现了日本企业国际化的梦想。他使索尼成为一个庞大的国际化电子厂家，是仅次于日本松下、德国西门子、荷兰飞利浦公司的第四大电子公司。盛田昭夫也因此得到英国皇家学院授予的阿尔伯特勋章，并荣登美国《时代周刊》的封面人物。

就是这样一名出色的企业家，他对自己的要求向来都是全力以赴。不仅如此，他对自己员工的要求也是全力以赴。他说：“当你30年后离开我们公司，或者离开这个世界时，我不希望你后悔把宝贵的岁月荒废在这里，否则，那将是个悲剧。”

盛田昭夫在青少年时代就很喜欢电子产品。日本在第二次世界大战中失败了，战争刚刚结束，他就想去东京发展，父亲说："就凭你们几个毛头小子还想从帝国的废墟上培植出鲜花来？"盛田昭夫没有听父亲的话，他和他的老师一起来到了东京，离开了自己的事业。他们以500美元起家，在战争的废墟上成立了东京通讯工业公司，这个公司就是索尼的前身。

盛田昭夫在索尼的发展历程中，将重点放在了创造市场上，而不是夺得市场。这是和其他经营者的主要区别。一般的经营者都是按照市场的需求来指导自己的经营方向，而盛田昭夫不是。他的目标是全力以赴地将自己的产品打入市场，让这个市场为自己的产品而动，而不是自己的产品随市场而动。要做到这一点，还是有很大的难度的。但是盛田昭夫一点都不灰心，他认为，只要认定一个目标，并朝着这个目标全力以赴地去努力，只要他的员工愿意努力，多付出的部分一定会得到补偿的。

当需求随着盛田昭夫的新产品问世而出现的时候，盛田昭夫就已经成功了。盛田昭夫告诉员工，要不断地开发和研究新的产品，并在整个过程中，让新的产品不断地增加。

为了创新，盛田昭夫付出了很多的代价。比如，盛田昭夫计划着用产品来领导潮流，也要为新的产品做好准备。盛田昭夫的公司要生产一些在市场上从来都没有销售过的产品，也就是从来都没有被其他公司生产过的产品。在盛田昭夫的领导之下，公司每天可以推出4种新的产品，每年可以推出1000种。在创造和推出新产品的问题上，盛田昭夫从来都是全力以赴的。

其他的竞争者们都是抱着看好戏的态度在观望，索尼公司常常是独占市场一年多以后，其他的公司才会相信该产品会成功，于是其他品牌的同类产品也随着上市了，这期间索尼公司已赚了大把的钱，并且又有了新的创新、新的产品问世，又会以新的产品重新占领市场。

盛田昭夫一旦有了自己的想法，他就会立刻和技术人员一起研究其可行性。盛田昭夫对技术人员说他要袖珍型的产品，要实现的性质却是和那些大块头产品一样的功能。很快，这样的产品就出现了，同时这样的产品也给盛田昭夫以及他所管理的公司带来了巨大的利润，这种产品就是我们今天用的袖珍型的照相机和录影机。在这个基础上，盛田昭夫不断地告诉他的员工，努力工作，千万不要满足于现在，要变化，不仅工艺领域如此，而且人们的观念、见解、风尚、爱好和兴趣也是如此。任何企业如果不善于领会这些变化的意义，就不会在商界生存，在高技术的电子领域尤其如此。

除了不断地开发新产品之外，盛田昭夫对于努力工作还有新的解释。比如对未来工作的合理判断，对现在的把握。一个企业家之所以能做大，是由很多的方面决定的，盛田昭夫的目标很简单，但是实现起来也有一定的难度。没有全力以赴的拼搏精神，是什么事情都不可能干成的。

别人犹豫不决，你要付诸实施

美国前总统福特说："据我观察，大部分人都是在别人荒废了的时间里崭露头角的。"

人生在世，时间对任何人都是同样的。在同等的时间里，有人早早地拥有了自己该拥有的，有的人却在掂量、计算中消耗掉了本该属于自己的。一位哲人说得好："天下并不缺少有才有智的聪明人，他们的复杂往往使他们并不一定能干成大事，倒是缺少一步不停、勇于实践的简单者。"

4名外地青年决心来北京卖陶瓷。他们是吴军、李建平和农民蔡阳、高小麦。4个人的想法十分简单，陕北的陶瓷历史悠久，很被北京人看重。一个月只要卖5件，就能在北京站住脚，生存发展大概没有问题，最终将实现自己的创业梦想。只是，这个想法既缺乏市场调研，也没有资料考证……

4个人只是定了在北京的生活标准，每人每天不超过10块钱。他们不知道，如此低廉的标准，在北京根本无法生存。4个人就这样到了北京，显然他们把什么都计算错了，北京人通常只到正规的瓷器店买瓷器，对摆在地摊上的货色一向心存疑虑。4个青年碰壁后，便兵分几路，吴军开始跟着人去做室内装修，当小工。蔡阳到了早市，靠着身上的400块钱贩菜卖菜，李建平去了建材城，做了一名搬运工，高小麦为水站蹬三轮送纯净水。

尽管4个青年各奔东西，但为了省钱，他们还是住在一起，4人租了一个9平米的小房。为节约开支，他们不管多远，每晚都坚持回到自己的住地做饭吃。生活的艰苦可想而知。然而两年后，他们都有了起色，农民蔡阳在早市上已经成了蔬菜批发商，吴军也有了自己的小装修队，高小麦竟然自己办起了送水站……

他们不但比普通的北京市民过得好，而且都明确地有着自己的生活方向，很有奔头。虽然说不上是雄伟的事业，但他们发展得如此迅速，还是让人感到前途无量。

大约是在4个外地青年进京的同时，7位北京青年开始了奔赴陕北的闯荡。他们都是大学毕业的高材生，其中两人拿过世界大学生发明奖，5人有自己的发明专利，总之都是佼佼者。在他们身后，还有大牌的赞助商支持，只要有好的选题，赚钱的项目，一切便不在话下。

7个人用了4个月时间跑遍了陕北，吃喝住行花掉了5万元。考察调研了19个项目，可行性报告写了27份。然而经过左右权衡，仔细分析，他们总是觉得这些项目各有不妥，不是风险太高，就是投资成本回收太慢，其中有两个项目，在他们犹豫不决时，又被当地人先行一步立了项。

定不下合适的项目，他们在陕北一共呆了9个月，花掉资助费14万元。最终放弃陕北，两手空空地回到北京。

英国的设计师凯蒂，一直梦想着盖一座世界上最高的顶尖级建筑，这是他毕生的理想和追求。为此，他准备了数十年关于高层建筑的理念，又鉴定了什么样的材料最为合适，图纸画了上万张。在他无休止地推敲与延误中，美国、新加坡等国先后盖起了自己的摩天大楼。凯蒂到死也没有实现自己的愿望，他的理想还是一堆图纸。

世上有多少可能成为英雄豪杰的人，他们都是误在了“算计权衡”的拖延中，他们共同犯的错误，就是对事物斟酌的时间过于漫长，把利益得失估价得过于细致。天下事，并非是在人们的头脑中算计出来的，而是一步步走出来的。

别人注重分歧，你要不忘大局

做人的成与败，取决于我们在个人生活中和事业中的成败。那么在现在的社会中，与人合作、共同发展已经成为一种趋势，如此才能避免失败，从而获得成功。

江西某地一家个体民营建筑公司的老板，10年前靠朋友、同学帮忙，白手起家成立了一个工程队。那时他还能与工友们称兄道弟，几年后当他拥有一定数量的固定资产，便开始摆起老板的架子。而工友们不仅在各项待遇上（工资、福利、升迁等）没有丝毫变化，就连顺路搭他的车回家都不行了。

不久，那些同他一起创业的工友们便纷纷弃他而去，在临走前还有人给他放了一把火，致使他损失惨重，从此一蹶不振。

试想，谁愿意自己拼命保全的人竟是一个忘恩负义的小人呢？如果一个人背上不义的骂名，就没有人会为他效力，“光杆司令”是干不成事儿的。

合作是一件快乐的事情，有些事情只有人们相互合作才能做成。而所有成功人士都有一个共同之处，就是他们都注重团结协作。

其实，很多时候与人合作，并不意味着自己吃亏。因为与人团结协作就是壮大自己，与人团结协作也就是帮助自己。

有一个人被带去观赏天堂和地狱，以便比较之后能聪明地选择他的归宿。他先去看了魔鬼掌管的地狱，第一眼看去令人十分吃惊，因为所有的人都坐在餐桌旁，桌上摆满了各种佳肴，包括肉、水果、蔬菜。然而，当他仔细看那些人时，他发现没有一张笑脸，也没有伴随盛宴的音乐或狂欢的迹象。坐在桌子旁边的人看起来沉闷，无精打采，而且皮包骨头。这个人发现每个人的左臂都捆着一把叉，右臂捆着一把刀，刀和叉都有4尺长的手把，使人们不能自己吃东西。所以即使每一样食品都在他们手边，结果还是吃不到，一直在挨饿。

然后他又去天堂，看到的却是另一番景象：同样的食物、刀、叉与那些4尺长的把手，然而天堂里的人都在唱歌、欢笑。这位参观者困惑了。他奇怪为什么情况相同，结果却如此不同。在地狱的人都挨饿而且可怜，可是天堂的人吃得很好而且很快乐。最后他终于看到了答案：地狱里每一个人都试图喂自己，可是一刀一叉以及4尺长的把手根本不可能吃到东西；天堂里的每一个人都是喂对面的人，而且也被对面的人所喂，因为互相帮助，结果也帮助了自己。

这个故事给我们的启示应该很明白：如果你帮助其他人获得他们需要的东西，你也因此而得到想要的东西，而且你帮助的人越多，你得到的也越多。

俗话说："一个篱笆三个桩，一个好汉三个帮。"中国上下五千年，古人尚能认识这些道理，何况我们这些处于发展社会中的现代人呢！

其实，大到一个国家，小到一个单位，一个企业的兴衰，莫不都是如此。善借助他人力量的领导，影响力大，人气旺盛，事业成就也大；反之，凡事都不放心，凡人都不放心，最后必然成为孤家寡人，难成大事。

别人诉说苦劳，你要呈献功劳

社会中有许多人才华横溢，但往往有意无意地表现出怀才不遇的做法和想法，总以为自己被大材小用，无法施展胸中所学，因而有一种抱怨，对工作便失去了热情，每天敷衍了事。殊不知，不能务实，即使有才华也被白白淹没了。

有一个人，他的父亲是一名贫穷的油漆工，仅靠打工的微薄收入供他念完高中。这一年他有幸被美国著名的耶鲁大学录取，但他却因缴不起学费，面临着辍学的危机。于是他决定利用假期像父亲一样外出做油漆工，以挣够学费。

这天，眼看即将完工，他把拆下来的厨门板刷最后一遍油漆，一块块厨门板刷好后再挂起来晾干。这时，门铃响了，他赶忙去开门，不料却被一把扫帚绊倒，绊倒的扫帚又碰到了一块厨门板，而厨门板正好倒在昨天刚粉刷好的雪白的墙面上，墙上立刻有了一道清晰的油漆印。他立刻把这条漆印又调了些涂料补上。一切做好后，他左看右看，总觉得新补上的涂料颜色和原来的墙壁不一样。他觉得应该将这面墙的涂料重新粉刷。

累死累活地干完了，可第二天一进门，他发现昨天新刷的墙壁与相邻的墙壁之间颜色也有色差，而且越细看越明显。最后，他决定将所有的墙壁重刷……

最后，主人很满意，付足了他的酬劳。但对他来说，除去增加的涂料费用，他已所剩无几，根本不够交学费。

主人的女儿不知怎么知道了原委，便将事情告诉了他的父亲。主人知道后很受感动，在女儿的要求下同意赞助他上完大学。大学毕业后，年轻人不但娶了主人的女儿为妻，而且进入了主人所在的公司。十多年后，他成了这家公司的董事长。他就是如今拥有世界500多家沃尔玛零售超市的富商山姆·沃尔顿。

一点失误可以产生一个瑕疵，一个瑕疵可以损坏一面墙壁的完美，一面墙又可以损坏所有墙壁，而所有墙壁却可以影响一个人的一生。

瑕疵造就的结果不在瑕疵本身，而恰恰在于我们面对瑕疵的态度。有才华固然是好事，但是要务实才行，即使你有经天纬地之才，如果总是诉苦抱怨，不务实去做，那么一切都等于零。

第十一章

【高调的口才】

拥有一句顶一万句的语言力量

真正的口才是门艺术，它能感染人、打动人、激励人，能让人听了心里舒服，能得到别人的共鸣。所以，我们要想让自己说话像金子一样闪光，吸引人，就要做到在该说话时，能够“一语百步音，一言力万钧”，做到每一句都精妙有用。

该开口时就开口：与陌生人的交谈要高调说

我们生存在这个世界上就得和陌生人说话。当我们面对陌生人，想开口时就开口，应该开口时就开口。

在我们的生活中，有很多人在与自己熟悉的人交谈时是不会存在太大问题的，可是一旦与陌生人交流的时候，很有可能就不知道如何是好了。其实，与陌生人交谈是口语交际中的一大难关。难是难了点儿，可是，我们生存在这个世界上，就得和陌生人打交道，就得和陌生人说话，这是任何人都不可能避免的事情。当我们真正地掌握了和陌生人说话的技巧时，我们才能够真正地保护自己，才能最终有效地开发周围的人脉资源，才能很好地生存在这个复杂的世界上。

其实，和陌生人说话，不仅能够很好地开发我们的人脉资源，而且对我们自身还有诸多好处。有个著名学者指出和陌生人说话有以下几大好处：

1.和陌生人交谈可以增强一个人的自信

人类很多特性的分布都是有规律的，特别好和特别差的人各占 2%左右，中间水平的占 95%。换句话说就是，绝大多数人的水平是差不多的，他们都处于一种中间水平。专家认为，如果我们勇于和陌生人交谈，碰到正常人的几率远远大于碰到一个坏蛋。既然我们碰到的绝大多数是正常人，那么，如果我们能和他们来一次正常交谈的话，我们就可以从他们那里吸收到很多新信息。在和他们谈话的过程中，我们能感受到人与人之间的热情、信任。这样的热情和信任对我们自信心的增强是有一定好处的。

2.和陌生人交谈，还能体现个人独立性，有助于人格发展

在和熟人交谈的时候，我们所谈的内容都来自于我们的生活，我们所说的话都依附于我们的身份。由于我们和陌生人之间没有特定的利益关系的困扰，所以我们所谈的内容都是很随意的，我们所说的话都是针对某件事情的真实看法，而不会掺杂太多的复杂因素。由此可见，陌生人之间的谈话相对客观、真实。毕竟，在与陌生人谈话的时候，彼此的身份是对等的。

3.和陌生人交谈，更能锻炼口才和人际沟通艺术

朋友之间的交流一般不会有太多的顾忌，说话也不会很注意方式和技巧，这是因为朋友之间彼此都比较了解。可是，陌生人就不一样了，陌生人之间的交往是从零开始的。陌生人之间在刚刚开始交往的时候因为彼此不是很了解，需要有意识地运用沟通技巧来建立关系。在这个过程中，人际沟通能力和口才就会得到提高。

4.和陌生人说话，可以让我们更加快乐

有一个美国心理学者从另一个角度来研究——人们到底是和熟人在一起快乐还是和陌生人在一起更开心。他随机分配一些学生和熟识的朋友，或完全陌生的人在一起打高尔夫球。然而结果却出乎他的意料，那些和陌生人打球的人，比和熟识的朋友一起打球的人更快乐。因为和熟人打球时，通常是自己玩自己的；而找到新朋友的人，会感觉和陌生人的交往同当年与女友约会一样开心。心理学者指出，我们选择和陌生人交往，可以从中得到更多的快乐。既然如此，与陌生人交往，何乐而不为呢？

那么，我们到底应该如何同陌生人进行交流呢？其实，最大的困难就是我们并不了解对方。所以，同陌生人交谈首先要解决好的问题便是尽快熟悉对方，消除陌生感。你可以先行自我介绍，再去请教他的姓名、职业，然后试探性地引出彼此都感兴趣的话题。你可以设法在短时间里，通过观察他的发型、服饰、领带、烟盒、说话的声调及眼神，迅速了解他。假如你事先就知道将要同一个陌生人见面，那么你在见面之前可以向别人打听一下这位陌生人的情况，这对你们的交谈将是非常有利的。但是，最重要的还是在面对陌生人的时候不要犹豫，该开口时就开口。

所以，当我们面对陌生人，想开口时就开口；该开口时就开口。当然开口也有开口的学问，那么怎样开口才能更加轻松地接近陌生人呢？其实，最好的办法是从一个话题到另一个话题地试着说，如果某个话题不行，再试下一个。或者轮到你讲话时可讲述你曾经做过的事情或想过的事情。比如修整花园、计划旅行或其他已经谈过的话题。不要因片刻的沉默而慌张，让它过去即可。

赢得人缘便会赢来赞赏：捧场的话要高调说

如果一个下属能够把一切功劳、成绩、好名声都归之于上司，而将过错、骂名都留给自己。那么，他既可以得到建功立业所带来的好处，受到上司长期的宠爱，又能够避免因此而产生的危险。试想一想，如果你是老板你会不喜欢、不宠信这样的下属吗？

汉宣帝时，渤海一带灾害不断，百姓不堪忍受饥饿，纷纷聚众造反，当地官员镇压无效，束手无策，宣帝派年已七十余岁的龚遂去任渤海太守。

龚遂单车简从到任，安抚百姓，与民休息，鼓励农民垦田种桑，规定农家每口种一株榆树，100 棵茭白，50 棵葱，一畦韭菜，养两口母猪，5 只鸡，对于那些心存戒备、依然带剑的人，他劝说道："干嘛不把剑卖了去买头牛？"经过几年治理，渤海一带社会安定，百姓安居乐业，温饱有余，龚遂名声大振。

于是，汉宣帝召他还朝，他有一个属吏王某，请求随他一同去长安，说："我对你会有好处的！"其他属吏却不同意，说："这个人，一天到晚喝得醉醺醺的，又好说大话，还是别带他去为好！"龚遂说："他想去就让他去吧！"

到了长安后，王某终日还是沉溺在醉乡之中，也不见龚遂。可有一天，当他听说皇帝要召见龚遂时，便对看门人说："去将我的主人叫到我的住处来，我有话要对他说！”

一副醉汉狂徒的嘴脸，龚遂也不计较，还真来了。王某问：“天子如果问大人如何治理渤海，大人当如何回答？”

龚遂说：“我就说任用贤才，使人各尽其能，严格执法，赏罚分明。”

王某连连摇头道：“不好！不好！这么说岂不是自夸其功吗？请大人这么回答：“这不是小臣的功劳，而是天子的神灵威武所感化！”

龚遂接受了他的建议，按他的话回答了汉宣帝，宣帝果然十分高兴，便将龚遂留在身边，委以显要而又轻闲的官职。

做臣下的，最忌讳自表其功，自矜其能，凡是这种人，十有九个要遭到猜忌而没有好下场。当年刘邦曾经问韩信：“你看我能带多少兵？”韩信说：“陛下带兵最多也不能超过 10 万。”刘邦又问：“那么你呢？”韩信说：“我是多多益善。”这样的回答，刘邦怎么能不耿耿于怀？

喜好虚荣，爱听奉承，这是人类本性的弱点，作为一个万人瞩目的帝王更是如此。有功归上，正是迎合这一点，因此是讨好君上、固宠求荣屡试不爽的法宝。

如果有了功劳便忘了上司，这是很容易招惹上司嫉恨的。把自己的功劳自己表白虽说合理，但却不合人情的捧场之需，而且是很危险的事情。

三国末期，西晋名将王浚于公元 280 年巧用火烧铁索之计，灭掉了东吴。三国分裂的局面至此方告结束，国家又重新归于统一，王浚的历史功勋是不可埋没的。岂料王浚克敌致胜之日，竟是受谗遭诬之时。安东将军王浑以不服从指挥为由，要求将他交司法部门论罪，又诬王浚攻入建康之后，大量抢劫吴宫的珍宝。

这不能不令功勋卓著的王浚感到畏惧。当年，消灭蜀国，收降后主刘禅的大功臣邓艾，就是在获胜之日被谗言诬陷而死，他害怕重蹈邓艾的覆辙，便一再上书，陈述战场的实际状况，辩白自己的无辜，晋武帝司马炎倒是没有治他的罪，而且力排众议，对他论功行赏。

可是，王浚一想到自己立了大功，反而被人压制，一再被弹劾，便愤愤不平，所以每次晋见皇帝他都陈述自己在战争中历经的种种艰苦以及被人冤枉的悲愤，情绪特别激动的时候，他也不向皇帝辞别，便愤愤离开朝廷。他的一个亲戚范通对他说："足下的功劳可谓大了，可惜足下居功自傲，未能做到尽善尽美！"

王浚问："这话什么意思？"

范通说："当足下凯旋归来之日，应当退居家中，再也不要提伐吴之事，如果有人问起来，你就说：'是皇上的圣明、诸位将帅的努力，我有什么功劳可夸的！'这样，王浑能不惭愧吗？"

王浚按照他的话去做了，谗言果然不止自息。

立了功，从表面看确实是一件很荣耀的事情，可是仔细一想却也是一件很危险的事情。上司给你安个"居功自傲"的罪名把你灭了，正中嫉妒你的同事的下怀。把功劳让给上司，是明智的捧场、稳妥的自保。

人人都喜欢美好的东西，越是美好的东西，越是舍不得给别人，这是人之常情。如果你有远大的抱负，就不要斤斤计较成绩的获得你究竟占有多少份，而应大大方方地把功劳让给你的上级。这样，做了一件事，你感到喜悦，上级脸上也光彩，以后，少不了再给你更多的建功立业的机会。否则，如果只会打眼前的算盘，急功近利，将来一定会吃大亏。

但是，需要注意的一点是，让功之事不要在外面或者在同事中大加宣扬，否则还不如不让功的好。对于让功的事儿，让功者本人是不适合宣传的，自我宣传总有些邀功请赏、不尊重上司的味道，千万不能做，宣传你让功的事儿，只能由被让者来宣传。也许这样做会埋没了你的才华，但是你的同事和上司总会用另一种方式来偿还你这笔人情债的。因此，做善事就得有始有终，不然就会让人觉得你让功是虚伪的。

用语言调动情绪：激励的话要高调说

做领导可能会遇到一些头痛的事情，当你把命令传达下去时，下属不认真执行或者相互推诿责任，那么领导应该怎么办呢？领导应该尽力让下属意识到他是企业的主人，企业的兴衰与他的生活福利、工资待遇息息相关。职工一旦认识到自己是公司的主人，自己有责任尽力把工作做好，他们的责任心和积极性就会大大提高，工作效率也会随之增长。多开展各类有益的活动，在活动中，使职工的主人公意识逐步得以加强；另外，领导自身还要多培养自己，力求做到平易近人，体贴下属，让下属把领导当做知心朋友，这样下属才会有和你风雨同舟、兴衰与共的决心。领导自身就好比圆的圆心，如果这个圆心产生一种较强的向心力，那么下属就会由于向心力的作用围绕圆心做圆周运动，就不会轻易脱离自己的轨道。

有一些下属责任心较强，但主动性不足，这些人凡是领导吩咐的，一定认真去办，而且干得非常出色，但领导没有吩咐到的即便是举手之劳，也绝不多干一点。这种人工作缺乏主动性，喂一口吃一口，自己不懂得伸手去拿。面对这样的下属，领导应想办法激发他们的积极性。

因此，领导应多肯定和称赞他们的优点和成绩，“我吩咐的工作你完成得非常出色，你为咱们公司做了不少贡献，”然后再进行“点拨”和引导，“你做事稳妥可靠，如能再主动些，会干得更好、更出色的。”

还有一些下属业务水平高，办事能力强，但却非常贪玩，总想着下班后赶快出去转转，找几个朋友喝几杯，摸几把牌，搓搓麻将……这多半是年轻人，这些人最乐意的是提前下班，最憎恶的是加班加点，最渴盼的是星期天。这些人往往速度快，效率高，他们看不惯磨磨蹭蹭的工作态度，瞧不起办事拖拖拉拉的人，用他们的话说，做事磨蹭是耗费生命，办事拖拉是浪费青春。他们一般不受纪律约束，洒脱不羁、我行我素。工作多时，龙腾虎跃、风风火火；工作少时，做完便溜之大吉；心情不好时就不来上班，对于这些人领导应如何处置？

1.应该向这些职工灌输正确的工作观念，即工作必须相互配合，齐心协力。做事不但讲求效率，还应讲求原则。头脑中应有较强的纪律观念，所谓“不依规矩，不成方圆”。办事快，值得表扬，但公司规章制度不可违背。早退、旷工该罚就罚，该处分就处分。攻无不克、战无不胜的军队必有铁的纪律。往这些职工的头脑中强硬地灌输纪律，让他们明显地感到自己必须自我约束，厂有厂规，家有家法，所有的企业都一样。告诉他们：“堤坎围成的湖水，波光涟滟，鱼戏莲叶间，但一旦没有堤坝的围堵，湖水将祸及百姓，淹没良田。”

2.领导最好不要一厢情愿地通知下属加班。但有时非加班不可，应该提前通知下属。人不可能没有一点私事，给他点临时改变做私事的时间，免得措手不及，招致怨言。

在需要加班时，就耐心向下属解释清楚加班的原因。强调工作的重要性，事关公司每个人的利益，使对方对工作产生认同感，愿意牺牲自己的时间去完成它，这才是上策。

当下属加班完毕后应向之表示感谢，“谢谢你留下来加班，让你和朋友失约，真不好意思，请你加班是为了按时完成任务……”这样，下属心中必然舒畅许多，想想领导对自己确实重视，加点班还对自己表示感谢，以后如不认真工作、遵守公司规定实在辜负领导的厚爱。

不落俗套的称赞：赞美的话要高调说

我们每个人都希望得到尊重，更希望获得别人的称赞。在人际交往中，赞美是沟通的桥梁，是拉近人与人之间距离的磁铁。因此，在构建和谐世界、和谐社会和谐家庭的时代里，我们必须学会赞美。

"赞言一句三春暖"，赞美别人是一种修养、一种素质的表现，那种自私得不愿意给对方一个微笑的年代已经过去了，社会呼唤和言、悦色，需要沟通、理解。我们知道，称赞别人很简单，不外乎"你今天真漂亮，这件衣服穿到你身上像定做的一样……"这些话大家都会说，对方听了也会产生愉悦的心情。称赞别人一定要发自内心，而发自内心的称赞容易被对方接受，对方在接受你称赞的同时，也觉得你是一个诚实的人，是一个有知识趣味、有涵养的人，一个可以结交可以信赖的人。如果你的称赞不是发自内心的，如果对方本身长得对不起观众，你还叫他帅哥、美女，他听了肯定就会觉得你虚伪，觉得你在奉承他。以下几点需要你在赞美他人的时候加以注意：

1.因人而异

每个人都是不一样的，因此，同一种赞美方法对不同的人所起的作用是不一样的，有的人可能会欢心鼓舞，而有的人却可能无动于衷。赞美是否起到意料中的作用，这完全取决于赞美是否满足了对方的心理需求，是否符合对方的个性特征。所以，赞美也要因人而异，方式要灵活多样，不能千篇一律。对不同的人，赞美和表扬的方式也应该有所区别：对年轻人不妨语气稍为夸张地赞扬他的创造才能和开拓精神；对于经商的人，可称赞他头脑灵活，生财有道；对于身处一定职位的上司，可称赞他为公为民，廉洁清正；对于知识分子，可称赞他知识渊博、宁静淡泊；对德高望重的长者，则要表达敬仰和尊重；对思维机敏的人，表扬时可以抓住要点，三言两语，有时稍加暗示即可；对疑心过重的人的赞扬，则要意思明确，表达清楚，以免产生误解……当然这一切都要依据事实，切不可虚夸。

2.情真意切

每个人都渴望赞美，赞美是人类的天性。这绝不是虚荣心的表现，而是渴求上进、寻求理解、支持与鼓励的表现。有时候，一句赞美能产生令人意想不到的效果。例如父母经常赞美孩子，使得家庭气氛和睦；上司经常赞美下级，使职工的积极性、创造性不断被激发、被调动；朋友之间互相赞美能增进友谊；夫妻之间互相赞美能使夫妻感情更加深厚。然而，赞美别人并不是一件很困难的事情，难就难在真心诚意，贵在确有实效。所以说，我们在赞美别人的时候一定要真诚，要做到情真意切。

每个人都喜欢听赞美的话，但并非任何赞美都能使对方高兴。能引起对方好感的是那些基于事实、发自内心的赞美。相反，你若无凭无据、虚情假意地赞美别人，对方不仅会感到莫名其妙，更会觉得你油嘴滑舌、诡诈虚伪。例如，当你见到一位其貌不扬的小姐，却偏要对她说："你真是美极了。"对方立刻就会认为你是个虚伪的人，说着违心的话语。但如果你着眼于她的服饰、谈吐、举止，发现她这些方面的出众之处并真诚地赞美，她一定会高兴地接受。真诚的赞美不但会使被赞美者产生心理上的愉悦，还可以使你经常发现别人的优点，从而使自己对人生持有乐观、欣赏的态度。

真诚的赞美是不同于虚伪的阿谀奉承的。阿谀奉承是完全没有效用的，因为它是肤浅的、自私的、虚伪的。人最渴望的就是受到别人的理解与尊重，得到心甘情愿与自己合作的人的赞美。

3.赞美下属要诚心诚意

赞美一定要真诚，唯有真诚才能打动人心。赞美的目的是为了促进工作，上司对下属的赞美一定要实事求是，真心实意。要做到这一点，上司必须做一个细心人、热心人，从内心关心他们热爱他们，多了解他们的思想、生活情况，发现他们的每一个细小的优点，及时进行赞美，切忌虚情假意。有的上司在赞美下属时说："哎呀，你工作搞得挺好嘛。"语气中明显带有一种调侃的味道，这很容易使下属产生被嘲弄的感觉。真诚的赞美还体现在不能说空话、套话和模糊不清的话上，否则就会让下属觉得虚伪。

人际关系的润滑剂：幽默的话要高调说

幽默的特殊表现力能帮助人们应付多种局面，其实是能使人聪明机敏地应付某种困境与难堪。因此，幽默有其独特的功效，如由张而弛，缓解矛盾；摆脱困境，转危为安；以苦为乐，笑对人生；化丑为美，洒脱自如等。

有一次，美国总统里根在白宫钢琴演奏会上发表讲话，他的夫人南希一不小心，连人带椅跌落到台下的地毯上，引起了观众的一片惊叫。夫人灵活地爬将起来，丝毫都没有受伤，在两百多人热烈的掌声里回到自己的座位上。里根幽默又不乏俏皮地说："亲爱的，我告诉过你，只有在我没有获得掌声的时候，你才应该这样表演。"

只是这么一句话，使演奏会场暴发了前所未有的掌声。

几句对付难题的机智回答，不但会使自己一下子摆脱困境，还会获得美好的自我形象，获得人们的同情和赞美。

作家对厨师说："你没从事过写作，因此你无权对我的作品提出批评。"

厨师回答说："我这辈子从没下过一个蛋，可我能尝出炒鸡蛋的味道如何，母鸡能吗。"这话令人忍俊不禁。

一句得体的俏皮话，立刻就会让你和听众之间的距离缩短，获得好感。

著名的现代航空大师西莫多·冯卡门在八旬高龄时获得了美国第一枚

“国家科学勋章”。授勋仪式结束走下台阶时，冯卡门因患严重关节炎，显得步履艰难。在一旁的美国总统急忙上前去搀扶。老人向他报以感激之情，然后轻轻推开总统的手，说了一句俏皮话：“总统先生，下坡而行者，不需搀扶，唯独举足攀登者，才求人助他一臂之力。”

一句幽默的话，引得众人大笑不已。这样的笑话，不仅使人感到轻松、愉快，而且寓意深刻，也使人在笑声中领悟到其中的哲理。

风趣幽默在说话中，将人的智慧和语言技巧巧妙地结合起来，揭示出事物的深刻含义，富有哲理，含不尽之意于言外，使人在含笑中评判是非，领悟哲理，增长知识。

德国诗人海涅是个犹太人，经常受到某些人的非礼对待。一次晚会上，有个人对海涅隐含恶意地说他在旅行中发现了一个小岛：“你猜猜看，在这个小岛上有什么现象使我最惊奇？那就是小岛上竟没有犹太人和驴子。”海涅对这位自以为是的旅行家白了一眼，不动声色地回答：“如果真是这样，那只要我和你一块到小岛上去一趟，就可以弥补这个缺陷了！”

幽默既然是人的聪明才智的表现，必然是以深入浅出见功力的。幽默切忌咬文嚼字。幽默是日常语言的巧妙组合，妙就妙在水到渠成，无机自露。说者本是无意说的话，却使听者感到十分好笑，并不是刻意地用语言去换取笑声。

一位年轻的画家拜访德国著名的画家阿道夫·门采尔。向他诉苦说：“我真不明白，为什么我画一幅画只用一会儿工夫，可卖出去要整整一年。”

“请倒过来试试吧，亲爱的。”门采尔认真地说，“要是你花一年的工夫去画它，那么只用一天就准能卖掉它。”

门采尔的幽默话语，的确含不尽之意于言外，使人在含笑中评判是非，增长智慧。

有时，人们把幽默理解为油腔滑调、取笑逗乐，这是对幽默的误解。幽默产生的笑是含有严肃内容的笑。如果把幽默理解为油腔滑调地耍贫嘴、装滑稽、出洋相，那便是对幽默的歪曲和庸俗化。幽默的语言要具有高雅的风趣。

美国第35任总统肯尼迪的就职演说中有句话原来写道："不要问你的国家愿为你做些什么，而是问你自己愿为你的国家做些什么。"

他在上讲坛前把"愿"改为"能"。这一改使这句话神韵顿出，把他献身国家利益的愿望和行动和盘托出，受到听众赞许，这句话从此成为名言并在他死后被铭刻在他的墓碑上。

幽默语言的运用要服从于思想、情感的表达，它绝不是一般的俏皮话和耍贫嘴。幽默的语言是自然而然地表现出来的，它必须有深刻的思想意义，在对话时，不要伤害别人；在说笑话时，不要把它变作恶作剧；在嘻嘻哈哈时，不要流于无奈。如果用笑料来填充幽默的不是，换取廉价的笑，那只能证明他的浅薄。这样做，对突出讲话的主旨毫无益处，再好的形象也会黯然失色。

绝无商量转圜余地的气势：辩论的话要高调说

在辩论时，当你有理有据、充满自信时，就应该把它表现出来，让对手在你那逼人的气势面前未战先怯。而且，你使用的"赢家气势"，由始至终，表现出一种"豪气"、"霸气"。虽然古人曾教导我们："有理不在声高。"但在某些特定的情况下，有理也要声高，并要据理力争，才能达到应有的效果。

在工作和生活中，我们难免会遇到一些不讲理的人，这些人习惯于撒泼耍赖，说起话来一副天不怕地不怕的样子。此时，你若是退让，他就会把你当做软柿子来捏，对你更加肆无忌惮。事实上，这种人往往只是色厉内荏，因为他们也知道自己做事没做在理上，所以只好强词夺理。这时候，只要你能够勇敢地面对他，对方必定会退避三舍，敬你三分。

1.大义凛然，威不可侵

据材料记载，“江姐”江竹筠被捕之后，无论身受敌人怎样的严刑拷打，都始终宁死不屈。

反动派徐远举见江姐如此“难啃”，便恼羞成怒，准备使出他审讯女犯人时常用的绝招——把她的衣服当众全部剥掉，令她害羞之极而不得不招供。

江姐了解到了徐远举的奸计后，拍案而起，怒目圆睁。她指着徐远举厉声喝道：“我是个连死都不怕的人，难道还怕你们用剥衣这种卑劣手段来侮辱我吗？只不过，我要告诉你，你不要忘记了，你是女人生的养的！你妈妈是女人，你老婆是女人，你女儿你姐妹都是女人，你使用这种手段来侮辱我，遭辱的并不是我一个人，而是全世界所有的女人，连同你妈妈在内，也都被你侮辱了！要是你不害怕对不起你妈妈、你姐妹和所有的女人，那你就来脱吧！”

江姐一席话，大义凛然，势不可挡，把徐远举惊得目瞪口呆，不知所措，最后只好作罢。

江竹筠同志以浩然正气压倒了敌人的卑劣和嚣张。

2.不达目的，绝不退缩

当你发觉对方是在故意拒绝你的合理要求时，你大可抓住对方要害，先发制人、开门见山、旗帜鲜明地亮出自己的观点。甚至是适当地耍一些“无赖”也未尝不可。

约翰·昆西·亚当斯是美国第六任总统，他有一个习惯，黎明前一两个小时起床，长距离散步或骑马，或去波托马可河裸体游泳。

安妮·罗亚尔是一名女记者。她一直想了解总统关于银行问题的观点，但是屡被拒绝。

一天，她尾随总统来到河边，决定迫使他回答问题。她先藏在树后，待他下水以后便坐在他的衣服上喊道：“游过来，总统。”亚当斯满脸通红，吃惊地问道：“你要干什么？”“我是一名记者，”她回答道，“几个月来我一直想见到你，就国家银行的问题采访一下。我多次到白宫，他们不让我进。于是我观察你的行踪，今天早上悄悄尾随你从白宫来到这里。现在我正坐在你的衣服上，你不让我采访就别想得到它。是回答我的问题，还是在水里呆一辈子，随便你。”亚当斯本想骗走女记者，“让我上岸穿好衣服，我保证让你采访。请到树丛后面去，等我穿衣服。”“不，绝对不行。”罗亚尔急促地说，“你若上岸来抱衣服，我就要喊了，那边有 3 个打鱼的。”最后，亚当斯无可奈何地呆在水里回答了她的问题。

3.无情嘲讽，制造轰动

对于在公众场合惯使“流氓”招式的无赖之徒，最厉害的反击方式就是运用辛辣的嘲讽，并用非常夸张的方式将对方的无赖嘴脸暴露在众目睽睽之下，让对方无地自容。

大型机场售票厅里，许多乘客正在排队购买机票，秩序井然。

这时，一位衣着笔挺的“成功人士”挤到最前面，粗暴地指责售票员工作效率太低，耽误了他的时间，一副唯我独尊、不可一世的架势。当他看到正在忙碌的售票员一时间没答理他，便火冒三丈地喝道：“你们知道我是谁吗？”

售票员可能没见过如此霸道的乘客，一下子呆住了。这时，从购票队列里走出一位英俊男士，看上去 30 多岁，脸上挂着微笑。他走到队列前，有礼貌地说：

“咦？这位先生有些健忘，已经不知道自己是谁了！”

接着，他又大声地向排队买票的旅客问道：“你们有谁能帮助这位先生回忆一下吗？他已经忘记自己是谁了。”

排队的人群立刻爆出一阵哄笑。笑声中，那位“成功人士”羞得满脸通红，只得悻悻地回到后面，老老实实地依次排队。

无论是在辩论、谈判，还是在其他的语言交流过程中，争取主动是取得胜利、达到目的的根本手段。俗话说，先下手为强。唇枪舌剑的言辞交锋恰如刀光剑影的战争，应力争主动地位，趁对方不加防备或没有做好准备的时候，以突然袭击的方式和一往无前的气势，挫败对方的心理防线，从而一举获胜。

有些情况下，采用“先声夺人”的谈话方式，能够尽快达成你的目的。只要你首先在气势上压倒了对手，对方就会自然而然地在接下来的辩论或谈判中敬畏你三分，这样，你就能够有效地控制对方并战而胜之。

化解矛盾，赢得原谅：道歉的话要高调说

“金无足赤，人无完人”，很多时候，我们一不小心很容易做错事情说错话，从而得罪别人，造成某些不愉快，甚至产生感情上的疙瘩。这时候，解决的秘诀只有一个，那就是学会道歉。真诚的道歉常常能对导游员自己的失误进行弥补，获得游客的谅解，挽回一些损失。而歉意的表达则需要把握一定的技巧，否则难以取得良好的效果。那么，究竟应该如何道歉才有效呢？

道歉首先要有承担责任的诚意和勇气。道歉绝不是什么丢脸的事情，反过来我们可以从中看到一个人的人品和修养。在“负荆请罪”的典故中，人们不仅佩服蔺相如的“有容乃大”，更佩服廉颇“有过则改”的勇气。有的导游员道歉时“犹抱琵琶半遮面”，左一个“因为”，又一个“假设”，强调种种客观因素，或将责任推到游客身上，甚至狡辩“要不是他怎么怎么样……我就会怎么怎么样……”而很少扪心自问。这样的道歉自然苍白无力，无法让游客生出谅解之情。

在与人交往的时候难免会出现这样或者那样的误会和隔阂，掌握一定的道歉技巧，是消除误会和隔阂、增进友谊、密切关系的手段。需要注意的是，在道歉的时候不要怕丢面子，道歉时要态度认真、诚恳、不虚伪、不做作，同时还应该多做自我批评，多赞扬对方。

在第二次世界大战中，德国对世界人民犯下了滔天的罪行，但是德国的

道歉却引来世界人民的原谅。

第二次世界大战中，德国的纳粹组织曾经杀死了欧洲许多无辜的人民。全世界的人们一提到纳粹无不露出愤怒的神色，忍不住要破口大骂起来。

但是，德国人用自己的真诚化解了这些仇恨。1970年，德国时任总理勃兰登，在华沙犹太殉难者纪念碑前，出人意料地双膝下跪，沉痛谢罪，赢得了人们的尊重。前任总理施罗德，也面对华沙起义死难者纪念墙深深鞠躬，表达了对当年纳粹暴行的羞愧和道歉。最近，德国政府又在柏林市中心、当年希特勒自杀的遗址附近，建造了占地2万平方米的大屠杀纪念碑林，旨在纪念600万在第二次世界大战中死难的犹太人，再一次向世界表明“不忘历史”的决心。德国人深刻反省的态度，得到了欧洲人民的宽恕和谅解。

德国前总理施罗德还告诫所有的德国公民一定要清楚地认识到，纳粹分子曾经让许多国家蒙受灾难，德国民众必须向受害者作真诚的道歉，并强调说：“纳粹暴行给德国留下了不光彩的一页，我们必须忏悔，不能再让历史重演。”

施罗德真诚的道歉让德国和周围的邻国相处得越来越融洽，并且世界各国也纷纷与德国建交，德国因此赢得了国际上更多的朋友。

还是施罗德的一句话说得有道理：“真诚的道歉不但不会失去朋友，反而会赢得更多的朋友！”由此可见真诚道歉的魅力。

在1754年时，华盛顿还是一位上校，率领部下驻守在亚历山大里亚。有一次选举弗吉尼亚议会议员时，一名叫威廉佩恩的人反对华盛顿所支持的候选人。

他们在选举问题的某一点上发生了激烈的争论，华盛顿说了一些冒犯佩恩的话。佩恩在气愤之下把华盛顿一拳打倒在地，华盛顿的部下马上赶了过来，准备替他们的长官报仇。华盛顿当场阻止，并劝他们返回营地。

第二天一早，华盛顿递给佩恩一张便条，要求他尽快到当地的一家小酒店去。佩恩如约到来，他是准备来进行一场决斗的，令他感到惊奇的是，他看到的不是手枪而是酒杯。

华盛顿说："佩恩先生，犯错误乃人之常情，纠正错误是件光荣的事情。我相信昨天我是不对的，你已经在某种程度上得到了满足。如果你认为到此可以解决的话，那么请握我的手，让我们交个朋友吧。"

从此以后，佩恩便成了一个热烈拥护华盛顿的人。

美国公关专家苏珊亚曾说："学会道歉是一个重要的社会技能，真诚的道歉将会使人们感受到人与人之间最美好的情感。"所以，我们要学会真诚地向别人道歉。那么怎样才能做到真诚地道歉呢？应该做到以下几点：

1.要有一个正确的态度

如果你真诚地向他人道歉，相信人家一定会原谅你。如果你只是迫不得已、敷衍了事，那么道歉就不会起到好的效果。语气一定要真挚，在道歉的时候，一定要用真挚的语气、诚挚的态度。只有这样，才能够得到别人的谅解。

2.道歉要堂堂正正，不能躲躲闪闪

道歉不是什么丢人现眼的事情，所以没必要躲躲闪闪，羞羞答答。但是也没必要夸大其词，一味地往自己脸上抹黑，这样别人不仅感受不到你的真诚，反而会觉得你很虚伪。

美国学者苏珊·杰考比说："在我最初的记忆中，母亲对我说，在说'对不起'时，眼睛不要看着地上，要抬起头，看着对方的眼睛。这样人家才会明白你是真诚的。我母亲就这样传授了良好的道歉艺术：必须直率。你必须不是在假装做其他事情。"

开头要“响”，结尾要“靓”：演讲的话要高调说

演讲时，开场白最不易把握，演讲者要想三言两语抓住听众的心，并非易事。如果在演讲的开始，听众对演讲者的话就不感兴趣，那后面再精彩的言论也将黯然失色。以下几点能帮助我们在演讲时达到理想的效果：

1.要触动听众的内心

听众对平庸普通的论调都不屑一顾，置若罔闻，演讲者倘若用意想不到的见解引出话题，营造“此言一出，举座皆惊”的艺术效果，会立即震撼听众，使他们急切地想接着听下去，这样就能达到吸引听众的目的。

美国总统奥巴马就职演说时，他一上台几句话就让人们“震惊”了：

今天我站在这里，看到眼前面临的重大任务，深感卑微。我感谢你们对我的信任，也知道先辈们为了这个国家所做的牺牲……

现在我们都深知，我们身处危机之中。我们的国家在战斗，对手是影响深远的暴力和憎恨；国家的经济也受到严重的削弱，原因虽有一些人的贪婪和不负责任，但更为重要的是，我们作为一个整体在一些重大问题上决策失误，同时也未能做好应对新时代的准备。

我们的人民正在失去家园，失去工作，很多企业要倒闭。社会的医疗过于昂贵、学校教育让许多人失望，而且每天都会有新的证据显示，我们利用能源的方式助长了我们的敌对势力，同时也威胁着我们的星球。

统计数据的指标传达着危机的消息。危机难以测量，但更难以测量的是其对美国人国家自信的侵蚀——现在一种认为美国衰落不可避免、我们的下一代必须低调的言论正在吞噬着人们的自信。今天我要说，我们的确面临着很多严峻的挑战，而且在短期内不大可能轻易解决。

就在人们的情绪被“抑”下去后，奥巴马立即接着说：

但是，我们要相信，我们一定会渡过难关。

今天，我们在这里齐聚一堂，因为我们战胜恐惧选择了希望，摒弃了冲突和矛盾而选择了团结。今天，我们宣布要为无谓的摩擦、不实的承诺和指责画上句号，我们要打破牵制美国政治发展的若干陈旧教条。

美国仍是一个年轻的国家，借用《圣经》的话说，放弃幼稚的时代已经到来了。重拾坚忍精神的时代已经到来，我们要为历史作出更好的选择，我们要秉承历史赋予的宝贵权利，秉承那种代代相传的高贵理念：上帝赋予我们每个人以平等和自由以及每个人尽全力去追求幸福的机会。

……

美国依然是地球上最富裕、最强大的国家。同危机初露端倪之时相比，美国人民的生产力依然旺盛；与上周、上个月或者去年相比，我们的头脑依然富于创造力，我们的商品和服务依然很有市场，我们的实力不曾削弱。但是，可以肯定的是，轻歌曼舞的时代、保护狭隘利益的时代以及对艰难决定犹豫不决的时代已经过去了。从今天开始，我们必须跌倒后爬起来，拍拍身上的泥土，重新开始工作，重塑美国。

国家的经济情况要求我们采取大胆且快速的行动，我们的确是要行动，不仅是要创造就业机会，更要为下一轮经济增长打下新的基础。我们将造桥铺路，为企业铺设电网和数字线路，将我们联系在一起。我们将回归科学，运用科技的奇迹提高医疗质量，降低医疗费用。我们将利用风能、太阳能和土壤驱动车辆，为工厂提供能源。我们将改革中小学以及大专院校，以适应新时代的要求。这一切，我们都能做到，而且我们都将会做到！

奥巴马的演说无异于平地惊雷，又宛若异峰突起，怎能不震撼人心？

2.用自嘲活跃气氛

自嘲是幽默的最高境界。自嘲用在开场白里，目的是用诙谐的语言巧妙地自我介绍，这样会使听众备感亲切，无形中缩短了演讲者与听众间的距离。

在一次作代会上，萧军应邀上台，第一句话就是："我叫萧军，是一件出土文物。"这句话包含了多少复杂感情：有辛酸、有无奈、有自豪、有幸福。而以自嘲之语表达，形式异常简洁，内蕴尤其丰富！胡适在一次演讲时这样开头："我今天不是来向诸君作报告的，我是来'胡说'的，因为我姓胡。"语音刚落，听众大笑。这个开场白既巧妙地介绍了自己，又体现了演讲者谦逊的修养，而且活跃了场上气氛，一石三鸟，堪称一绝。

1930 年 2 月 9 日，蔡元培 70 岁生日，上海各界人士在国际饭店为他设宴祝寿，他在答谢演讲时风趣洒脱地自嘲道："诸位来为我祝寿，总不外乎要我多做几年事。我活到了 70 岁，就觉得过去 69 年都做错了。要我再活几年，无非要我再做几年错事咯。"宾客一听，顿时大笑，整个宴会充满了欢声笑语。试想，如果他摆出一副严肃相，一本正经地致答谢辞，就不会造成这样轻松愉悦的气氛。

3.情景交融，引人入胜

一上台就开始正式演讲，会给人生硬突兀的感觉，让听众难以接受。不妨以眼前的人、事、景为话题，引开去，把听众不知不觉地引入演讲之中。

1863 年，美国葛底斯堡国家烈士公墓竣工。落成典礼那天，国务卿埃弗雷特站在主席台上，只见人群、麦田、牧场、果园、连绵的丘陵和高远的山峰历历在目，他心潮起伏，感慨万千，立即改变了原先想好的开头，从此情此景谈起：

站在明净的长天之下，从这片经过人们终年耕耘而今已安静憩息的辽阔田野放眼望去，那雄伟的阿勒格尼山隐隐约约地耸立在我们的前方，兄弟们的坟墓就在我们脚下，我真不敢用我这微不足道的声音打破上帝和大自然所造就的这意味无穷的平静。但是我必须完成你们交给我的任务，我祈求你们，祈求你们的宽容和同情……

这段开场白语言优美，节奏舒缓，感情深沉，人、景、物、情是那么完美而又自然地融合在一起。据记载，当埃弗雷特刚刚讲完这段话时，不少听众已泪水盈眶。

4.用故事提升趣味

用形象性的语言讲述一个故事作为开场辞会引起听众的莫大兴趣。选择故事要遵循这几个原则：要短小，不然成了小说评书；要有意味，促人深思；要与演讲内容有关。

1962年，82岁高龄的麦克阿瑟回到母校——西点军校。这里的一草一木，令他眷恋不已，浮想联翩，仿佛又回到了青春时光。在授勋仪式上，他即席发表演讲，开头他这样说：

"今天早上，我走出旅馆的时候，看门人问道：'将军，您上哪儿去？'一听说我到西点时，他说：'那可是个好地方，您从前去过吗？'"

这个故事情节极为简单，叙述也朴实无华，但饱含的感情却是深沉的、丰富的。既说明了西点军校在人们心中非同寻常的地位，从而唤起听众强烈的自豪感，也表达了麦克阿瑟深深的眷恋之情。接着，麦克阿瑟不露痕迹地过渡到"责任—荣誉—国家"这个主题上来，水到渠成，自然妥帖。

5.用悬念激发听众的好奇心

人们都有好奇的天性，一旦有了疑虑，非得探明究竟不可。为了激发起听众的强烈兴趣，可以使用悬念手法。在开场白中制造悬念，往往会收到奇效。

有一位教师举办讲座，会场秩序比较混乱，学生对讲座不感兴趣，老师转身在黑板上写了一首诗："月黑雁飞高，单于夜遁逃。欲将轻骑逐，大雪满弓刀。"写完后说："这是一首有名的唐诗，大家都说写得好，我却认为它有点儿问题。问题在哪里呢？等会我们再谈。今天，我要讲的题目就是'读书与质疑'。"这时全场鸦雀无声，学生的胃口被吊起来了。演讲即将结束时，老师说："这首诗问题在哪里呢？不合常理。既是月黑之夜，又是严寒冬季，北方哪有大雁？"这样首尾呼应，强化演讲内容，令人回味无穷。

收场的话如何引起听众共鸣?这需要技巧,更需要经验。我们先来看下面这个例子。这是当年威尔斯亲王在多伦多帝国俱乐部发表演说的结束语:

各位,我很担心。我已经脱离了对自己的克制,而对我自己谈得太多了。但我想要告诉各位,这是我在加拿大演讲以来听众最多的一次。我必须要说明,我对我自己地位的感觉,以及我对与这种地位同时而来的责任的看法——我只能向各位保证,将随时尽这些重大的责任,并尽量不辜负各位对我的信任。

大家可以听出,即便是不敏锐的听众,也会“感觉”到这就是结束语。它不像一条未系好的绳子那般在半空中摆荡;它也不会零零散散地未加修整,它是修剪得好好的,已经整理妥当的。

林肯总统在他的就职演说中所表现得是多么高贵而又富有力量,下面是他一次演说辞的结尾部分:

我们很高兴地盼望,我们很诚挚地祈祷,这场战争的大灾祸将很快成为过去。然而,如果上帝的旨意是要这场战争持续250年,让那些无报酬的奴隶所积聚的财富完全耗尽,持续到受皮鞭鞭打而流出的每一滴血要用由刀砍伤而流出的血来赔偿,那么,我们也必须说出3000年来相同的那句话:“上帝的裁判是真实而公正的。”不对任何人怀有敌意,对所有人都心存慈悲。坚守正义的阵营,上帝指引我们看见正义,让我们努力完成我们目前正在进行的任务,治疗这个国家的创伤,照顾为国捐躯的战士们,照顾他们的遗孀及孤儿,我们要尽我们一切的责任,以达成在我们之间的一项公正永久的和平,并推广至全世界各国。

奥巴马的就职演说和林肯的就职演说可以说有着异曲同工之妙,他们的结尾都可以说是透着庄严的语气、铿锵有力的话语,体现着内心真实的感情,行若流水地体现着一位杰出的演讲者应该具备的扎实素质。奥巴马在就职演说辞的结尾这样说道:

让我们记住这一天，记住我们是谁、我们走了多远。在美国诞生这一年，在最寒冷的几个月，在结冰的河岸，一群爱国人士抱着垂死的同志。首都弃守，敌人进逼，雪沾了血。在那时，我们革命的成果受到置疑，我们的国父下令向人民宣读这段话：

“让这段话流传后世，在深冬，只剩下希望和美德，这个城市和这个国家，面临共同危险，站起来迎向它。”

美国，面对我们共同的危险，在这个艰困的冬天，让我们记得这些永恒的话语。怀着希望和美德，让我们再度冲破结冰的逆流，渡过接下来可能来临的暴风雪。让我们孩子的孩子继续流传下去，说我们受到考验时，我们拒绝让旅程结束，我们不回头，也不踌躇；眼睛注视着远方，上帝的恩典降临我们，我们带着自由这个伟大的礼物，安全地送达给未来的世世代代。

可以说，像这样充满感情、充满爱意的演说很容易引起人们的共鸣，给人们以强有力的触动，从而留下更多的回忆。也只有这样的结尾，才可称得上美丽而又完整的结尾。

融洽关系、促进交流：应酬的话要高调说

中国人崇尚民以食为天。又说，人生在世，不过吃穿二字。现代的说法是，人与食物是平等的。研究饭局文化，就是观察中国几千年来文明史迁变的一个窗口。所谓的历史纵横、文化长廊、风土人情、上下五千年，其实都蕴藏于日常生活的吃喝之间，所谓饭局之妙，不在“饭”而尽在“局”也——端的是饭局千古事，得失寸唇知。

酒作为一种交际媒介，对迎宾送客、聚朋会友、融洽关系、促进交流，发挥了独到的作用，所以，探索一下酒桌上的“奥妙”，有助于交际的成功。

大多数酒宴宾客都较多，所以应尽量多谈论一些大部分人能够参与的话题，得到多数人的认同。因为个人的兴趣爱好、知识面不同，所以话题尽量不要太偏，避免唯我独尊，天南海北，神侃无边，出现跑题现象，而忽略了众人。

特别是尽量不要与人贴耳小声私语，给别人一种神秘感，使之产生"就你俩好"的嫉妒心理，影响喝酒的效果。

一般来说，多数酒宴都有一个主题，也就是喝酒的目的。要想在酒桌上左右逢源，得到大家的赞赏，就必须学会察言观色，才能演好酒桌上的角色。赴宴时首先应环视一下各位的神态表情，分清主次，不要单纯地为了喝酒而喝酒，而失去表达友好的机会，更不要让某些哗众取宠的酒徒搅乱东道主的兴致。为了使餐桌有高兴愉快的气氛，要尽量选择一些轻松愉快的、有趣的、简单的话题。切忌不要向对方提出一些必须放下手中餐具才能回答的严肃问题，也不要向对方提出一些必须长篇大论或花较长时间才能回答完的问题。此外，一些不健康的话题或是容易使人产生不当联想的话题都应避免。

不管是商务餐会，还是公司的年会，或是红白喜事，谁都免不了要和上司、同事或客户一起聚餐。有的人或许是天生的聚会宠儿，可不擅言辞的人也总不能一直埋头吃，若总是沉默不语，几次下来，恐怕就没人找你吃饭了。

所以说，在就餐时不要像个花瓶一样在那里坐着，只顾自己吃饭是不礼貌的。就餐期间，宾主都应轻松自由地彼此交谈，若是遇到一桌"饭友"都是辩才，滔滔不绝使自己插不上话，当然也可以静静聆听；另外，大家在说话的时候，自己的脑子要跟着转，这样一有空档就可以接过话茬了。

能说会道是每一个人所期望的，有的人在招待客户用餐时，不管在吃的时候还是在喝的时候，都一直在滔滔不绝地讲工作方面的事情。在对方刚要往嘴里送食物或想把话题岔开时，他马上又把话题转到对外业务方面的事情上来，还自鸣得意，这样，他就是犯了一个战略上的错误。

其实，饭局是一门学问，饭局不是某人的专场演出，而是要顾全大局。如果在餐桌上从头至尾谈工作，通常是没有工作能力的人所表现出来的行为。留给对方的印象不是枯燥无味就是喜欢自吹自擂，几乎很少有人喜欢跟这种人打交道。而且也失去了饭局的初衷——交朋友及搞好人际关系。那么，聪明的你就不要把自己看得很大，甚至有时候还需要装笨，这就需要针对不同的人要不同地对待，有时不要表现得比客户还聪明，这样就会满足客户被人尊重的心理，同时也会促成彼此之间的友谊，也必然会有利于以后工作上的成功。

当然，如果是事先约好在餐桌上边吃边谈，或者是对方主动地提出来谈的话，这当然就另当别论了。但除此之外，最好还是谈一些有关菜的味道或各地风土人情之类的话题，总而言之，餐桌上的话题应以闲谈聊天儿为主。除了公司内部的事情，客户公司的趣闻，或是社会热点、热门话题、行业动态、八卦新闻等等，都可以成为饭桌上的谈资，关键看你有没有留心周围发生的事情。

既然，饭局的目的贵在“局”上，吃不是重点，那么你就要尽量创造良好的气氛。但是就餐的未必个个都是你的熟人，也许是同公司不同部门的同事，也许是每次去客户那里都会打招呼却没聊过天的人，熟人当然没拘束，但和不熟悉的人打交道正是你扩大人脉、锻炼社交能力的好机会。在这样的情况下，你就不要表现得太拘束，可以从无关紧要的小事聊起，就像英国人总是谈天气一样，比较容易拉近距离，只要能和所有的人都说上话，接下来打开场面、活跃气氛就不难了。

俗话说“酒过三巡言归正传”。拥有了良好的气氛，找到好的切入点，你所要办的事情“于情于理”都应水到渠成了。总之，你一定要把握好和利用好饭局，提高办事效率，把自己淬炼成为一个八面玲珑的应酬高手。

有理之人靠气势取胜：震慑的话要高调说

在社会中，有的人总是有意无意地给我们设置了障碍，向我们提出不公平、不合理的要求。面对这种情况，我们必须据理力争，争取自己应得的权益。这时说话要理直气壮，从而在气势和心理上征服对方，打击对方的嚣张气焰。

美国华盛顿大学的社会学家爱德华·格罗斯指出："人们在公开场合被羞辱，通常并不认为是开开玩笑，或者是微不足道的小事。当人的感情受到伤害时，我们中的大多数人会十分愤怒，表现为张口结舌或者满脸通红。但是我们可以有另一种比较聪明的解决方法，保持沉默，或者设法改变你的处境。"

不要花太多时间为你所受到的伤害而烦恼，也不要冥思苦想"这些人为什么这么爱搞恶作剧"的问题。也许有些人是故意使你感到窘迫的，因为他们觉得你对他已造成威胁，或者是想惩罚你曾经做过对不起他的事；而另一些人是习惯于开这类玩笑的，他们毫不考虑别人是否受到伤害。对于这类人，没有必要去计较他是否是故意的。

佛罗里达大学的心理学家巴里·舒兰克说："完全没有必要去追究一个人的所作所为是否别有用心。"相当可能的情况是他或她压根儿没有意识到你会受到伤害。当你向他指出失礼的言行后，这位呆头呆脑的冒犯者通常会向你致歉。

那么，到底怎样才能摆脱窘迫的处境呢？这就要依情形而定。如果你的上司在你同事面前三番五次地责备你时，你可以心平气和地严正指出："我们是否可以私下谈这个问题？"

如果伤害你的人是你的配偶或亲密朋友，你可以向其说明你为此感到非常痛苦，这远比以同样的方式去回击对方要好得多。

下回有人故意羞辱你时,你可以采取比较激烈的方法。有时,你必须使这种羞辱立即停止下来。你可以说:“你已经使我难堪了。你不介意告诉我这都是因为什么缘故吗?”或者说:“你似乎心烦意乱,是不是我有什么事使你不高兴了?”

不管发生了什么事情,都要避免动怒,千万不要发火。如果失去了泰然自若的态度,你只能使对方占上风,使别人对你产生不满情绪。再说,和那些修养极差或别有用心的人生气不值得。

相当多的时候,最好的办法是靠急中生智和幽默感。

一位作家刚完成一本书,正陶醉在人们的赞美声中,另一个作家对他有些嫉妒,不顾别人的劝说跑去和他说:“我喜欢你这本书,是谁替你写的?”他马上回敬道:“我很高兴你喜欢,是谁替你读的?”

聪明的作家面对另外一个作家的攻击,他并没有恼怒,而是以智慧的语言进行反击,驳得对方无话可说。

所以,急中生智,既柔中带刚,又不失风度,这往往是最好不过的回击办法。

在受到不公正待遇时,你可以将事情置于大庭广众之下,摆出自己正当的理由,以强硬的态度坚决有力地驳斥对方。这样,我们就可以让对方在众目睽睽之下,理屈辞穷,被迫作出让步,从而达到为我们办事的目的。

何为来到美国后,发生了一件意外的事情。美籍教授那米诺在谈经济学理论时讲到了中国,他说:“中国是一个非常贫穷、非常闭塞的小国家,那里的人非常愚昧,非常守旧,经济也不发达,科学技术更落后,而且,那里没有美德自由,也没有人权……”听了这些,何为再也无法忍耐下去了,她立刻站起来,大声质问道:“请问那米诺教授,你到过中国吗?”那米诺不屑一顾地反问道:“我没有去过中国,可是这与我讲的话有什么关系?”何为说:“当然有关系。”接着她又继续质问:“请问那米诺教授,你既然没有去过中国,那么,你对中国的评价是从哪里来的？"那米诺尴尬地说："我是从报刊上看到的。"何为听完后不禁大笑起来："那米诺教授，我记得你说过，只有实践才能出真知。可是，你既没有去中国亲眼看看，也没有经过认真调查，只是翻翻报刊，听听流言蜚语，便对中国和中国人民下这样的结论，你不觉得可笑吗？"就这样，何为用层层质问、步步紧逼的方法将对方驳斥得理屈词穷，并赢得了在场的100多名同学的热烈掌声。

提问在据理力争中显得十分重要，它能够营造一种势不可挡的气势。但需要注意的是，据理力争必须把双方都置于大庭广众之下。如果只有双方两人，而你又处于一种弱势的地位，那么，你恐怕就无法"据理力争"。

有一种策略，就是以其人之道还治其人之身。这就是我们通常说的以牙还牙，以眼还眼。对方对你采取什么态度，你就以相同的方式，甚至以更强硬的态度还击他，针锋相对。

小王从前总忍不住流连经过身旁的美女，后来竟彻底"改正"了。当朋友问及妙方时，小王说："如果我女朋友发现我正对着别的女人瞧，她会不动声色地等待片刻，然后找到一个男人为对象，以加倍的方式让我难受。"以其人之道还治其人之身，不失为一种好方法。

当对方气势汹汹、兴师问罪之时，你不被他的强势所吓倒，不但不退缩，反而昂首挺胸地迎上前去，以自己的强势压向对方。这时，本来就色厉内荏的对方，会被你的这种威势所震住，不得不改变他的姿态，自动让出路来让你走。

介绍特长、展示实力：竞聘的话要高调说

竞聘，优者赢。说话时必须恰当地展示自己能以"压倒群芳"的实力，用自己优于别人的条件服人，用自己竞得岗位后高于别人"多筹"的思路与措施服

人。这有三个原则：

一是实在，介绍自己的实力时必须做到实事求是，而且要做到“实”得“可信”。

二是艺术。比如运用心理学上的攻心理论，先抑后扬，先贬后褒，做到“实”得有“度”，“实”得“文明”。

三是心机。在竞聘演讲中，评委总是有意无意地将第一位演讲者作为参照对象。因此，前面演讲者“露才”时必须要有超人的气势，让后来者被逼得撑不起腰。后来演讲者要注意观察评委对前人的反应，就其兴趣所在，结合自己展开。还有，别忘了当止则止。下面是一位竞聘办公室秘书者的演讲片断：

我竞聘秘书，有一个最不利的条件，即我的学历。你们说要招具有本科以上文凭的，而我仅此一张自考大专文凭。好在任何事情都不是绝对的，事实不总是证明文凭等于水平，学历等于能力。请允许我幸运地回顾一下往事：（出示杂志）这篇“打开写作之门”的论文是我大专三年级时发表的，（出示证书）这些奖是2005、2006、2007连续3年的优秀撰稿人证书，（出示目录）这是我8年来发表在杂志上的文章目录，（出示文集）这是我近年来公开发表的100多篇论文汇集，（出示文章）这是我撰写的《领导科学与艺术》，这是我撰写的《文秘调查报告》。因此，我来竞聘了。因为我明白，我竞聘秘书还有几个算得上条件的条件……

竞聘者开始似乎在讲自己的劣势，但这恰恰是诚实可靠的表现。而在给自己“抹黑”以示诚实之后则趁机“亮”出自己几条压轴的优势，让评委及听众对其实力不能不心服。

一位人力资源部主管，参加过多次现场招聘会。他感触最深的是，不少求职者不善于自我推销，说话结结巴巴，没有逻辑性，半天讲不出自己的特长和能力，而只是一味地说，“请相信我，我一定会干好的”，这怎么可能让人相信呢？

中国人不善于自我推销，与偏向于内敛保守的传统文化有关，过分相信

“是金子，到哪里都会发光”这句格言，于是以为有学历、有技术就会有人赏识、有人推荐、有人提拔，结果不少人却因不善于表达与沟通而失去了一次次求职的机会。口才大师卡耐基叙述过这样一件事：

费城有一位青年，为谋求职业，整天在街上游荡，为的是想有哪一位阔人能发现他。然而，不管他做出怎样引人注目的举动，都无法引起人们的注意。有一天，他记起欧·亨利说的一句话：“在‘存在’这个无味的面团中加一些‘谈话’的葡萄干吧。”于是他突然闯进该城著名巨富鲍尔·吉勃斯先生的办公室，请求主人牺牲一分钟时间接见他，并允许他讲一两句话。吉勃斯看到这位青年虽穿着简陋但精神焕发，便破例和他谈起来。起初，吉勃斯只想和青年谈一两句，想不到两人越谈越投机，一直谈了一个小时。结果，吉勃斯打电话给费城狄诺公司经理泰勒先生，给这位青年推荐了一个优越的职位。这样，一个落泊街头的青年，在以前求职无一成功的情况下，竟在半天之内获得了如此美满的结果，不能不归功于他说话有一种摄人心魄的吸引力。

招聘者与应征者，两者间的对话，往往在提问中开始，应征者被提问的第一个问题常常是：“谈谈你自己吧！”许多应征者会认为“我不是写在简历中了吗?为什么还要问?”因而面露不耐烦之色，有的甚至会以“这些我在简历中都已经写得很清楚了”作为答复。

请切记，绝对要尊重主考官提出的第一个问题，并诚恳地回答。而这个问题，正是进行“自我推销”的大好时机。如果这道题回答得很得体，令对方印象深刻，可能会在接下来的时间里很顺利地推销自己，被招聘方认可。

这里说的自我推销可不是小贩缠人式的推销，而是引人入胜的推销。如果你在面试前认真做过准备，那么你必然已彻底地认识自己：我最大的长处、特色在哪里? 哪些是我过去做得最好的事情? 我具备什么样的专业技术、知识? 刚出校门的人，面对这个问题时可能觉得无从谈起。其实，对于尚无实际工作经验的应聘者，主考官无从询问“工作”本身的专业性问题，但是他可以借由你在学校里的表现、所选修的课程以及所参加的社团活动等方面，来判断你是否具备做好这份工作的能力和潜力。

大学生小周面见某家公司的老总，想向老总推销自己，但是，这位老总经验丰富，且又固执己见，根本没有把这个刚刚毕业、初出茅庐的大学生放在眼里，没说上几句话，老总就一口回绝小周说："你可以走了。"

对于小周来说，会谈出现了不利的局面。此时他眉头一皱，计上心来。他像毫不在意似地轻声说："老总的意思是，贵公司人才济济，足以使自己的公司能在市场上立于不败之地。纵然外边的人有天大的能耐，也不需要利用。何况像我这样初出茅庐的小青年还不知道能干些什么，如果使用我这样的人，也许会给公司带来麻烦，与其这样，倒不如拒我于门外，是吗？"小周说到这儿，有意停顿下来，只是面带笑容地看着老总。

老总一愣，开口说话了："你能谈谈自己的特长和想法吗？"

小周显得不紧不慢，对老总说："对不起！刚才我太唐突，请原谅！不过，像我这样的人还可以谈谈吗？"

老总紧接着说："当然，不用客气。"

本来，小周素质不错，准备也颇为充分，借着老总的话，从容不迫地说："在学校里所学的能与工作结合起来是种幸福，但人具有可塑性，只要头脑灵活，什么新鲜事都可以做。公司想减少培训员工成本，希望员工一上岗就能创造效益，所以我要发挥自己的特长就不是那些书本知识了，而是——我发表过一些文章，可以搞企宣；我善于交际，可以做业务。"

老总一边听，一边赞赏地点头，最终决定留下这位大学生。

所以，在推销自己的时候，需要很巧妙地在自己的特长与所招聘的工作之间找到着力点及相关性，并将其展示出来。

第十二章

【高调的心态】

你的快乐不仅会改变自己更会感染他人

人们常说心态决定命运，养成快乐的心理习惯，保持一份快乐的心情，不仅可以改变自己，同时更会感染他人。在顺境中不得意忘形，在困境中不惊慌失措，在相互关爱、相互支持的良好氛围中，开始自己每一天的新生活。

以乐观的心态，选择积极的生活

我们的人生，是从选择开始的。选择是人类一种天赋的能力，它不需要经过特殊的训练或教育，也不需要有特殊资质，它是每一个人与生俱来的重要的能力之一，几乎所有的人都能掌握它、利用它。如果我们能够正视这种力量的存在，并且开始加以运用，我们的生活能够完全得到改观，生活完全可以合乎我们自己的理想，它将化失败为成功、化怯懦为自信、化浮躁为冷静、化不安为稳定。它能使我们受伤的心灵得以安宁，能使我们烦恼不堪的生命重获生机，变得美满快乐。

一个选择对了，又一个选择对了，不断地作出对的选择，到最后便产生了成功的结果；一个选择错了，又一个选择错了，不断地作出错误的选择，到最后便产生了失败的结果。若想要有一个成功的人生，我们必须降低错误选择出现的概率，减少做错误选择的风险。这就必须预先明确你人生中想要的结果是什么，为这个结果而作出所有的选择，明确你人生想要的结果是什么，这本身又是一个选择。

有一个小故事，流传甚广。

有两个农民，外出打工。一个去上海，一个去北京。可是在候车厅等车时，都又改变了主意，因为邻座的人议论说，上海人精明，外地人问路都收费；北京人质朴，见吃不上饭的人，不仅给馒头，还送旧衣服。

去上海的人想，还是北京好，挣不到钱也饿不死，幸亏车还没到，不然真掉进了火坑。

去北京的人想，还是上海好，给人带路都能挣钱，还有什么不能挣钱的？我幸亏还没上车，不然真失去一次致富的机会。

于是他们在退票处相遇了。原来要去北京的得到了去上海的票，去上海的得到了去北京的票。

去北京的人发现，北京果然好。他初到北京的一个月，什么都没干，竟然没有饿着。不仅银行大厅里的纯净水可以白喝，而且大商场里欢迎品尝的点心也到处都是。

去上海的人发现，上海果然是一个可以发财的城市。干什么都可以赚钱：带路可以赚钱，看厕所可以赚钱，弄盆凉水让人洗脸也可以赚钱。只要想点儿办法，再花点儿力气都可以赚钱。

凭着乡下人对泥土的感情和认识，第二天，他在郊区装了10包含有沙子和树叶的土，以“花盆土”的名义，向不见泥土而又爱养花的上海人兜售。当天他在城郊间往返6次，净赚了50元钱。一年后，凭“花盆土”他竟然在大上海拥有了一间小小的门面。

在长年的走街串巷中，他又有一个新的发现，一些商店楼面亮丽而招牌较黑，一打听才知是清洗公司只负责洗楼不负责洗招牌的结果。他立即抓住这一空当，买了些人字梯、水桶和抹布，办起一个小型清洗公司，专门负责擦洗招牌。如今他的公司已有150多个打工仔，业务也由上海发展到杭州和南京。

前不久，他坐火车去北京考察清洗市场。在北京火车站，一个捡破烂的人把头伸进软卧车厢，向他要一只啤酒瓶。就在递瓶时，两人都愣住了，因为5年前，他们曾换过一次票……

在面临人生选择的时候，一个人的思想会完全暴露出来。他可能乐观向上、积极进取，喜欢能体现自己能力的生活方式；他也可能胆小怕事、消极悲观，看不到出路，而满脑子都是退路。正是这种选择，决定了他们将拥有一种怎样的人生历程。

虽然选择的权利在每个人自己的手中，但许多人并没有使用这一权利。也许这就是成千上万的人活得碌碌无为的最直接的原因。不少人的生活就像秋风卷起的落叶，漫无目标地飘荡，最后停在某处，干枯、腐烂。为了促进个人的成长，达到个人的幸福，你必须学会驾驭生活。你必须自己选择穿着，选择朋友，选择工作，选择奋斗目标……

小汪是北方一所名牌大学的高才生，学的是计算机专业。毕业时，一家国内知名企业执意要挽留他，另外也有几家外资企业要接收他，但是在他心里，还是倾向于机关单位。经过一番努力，小汪终于在一家省直属机关上班了。在机关里，上司安排他从事大量数据的统计整理工作。这与他学的专业相距十万八千里。小汪初进机关的愉快心情在消退，变得心灰意冷起来。他工作不断出现失误，而且由于出差时私自旅游而耽误了工作，受到主管领导的严厉批评。几年过去了，小汪原来的专业知识不但没有派上多大用场，而且慢慢忘得一干二净了。有些时候，小汪也想过要调动工作，但专业知识已经忘得难以补救回来了。又过了几年，因为他的工作没有多大起色而成了单位可有可无的边缘人。这时他才深切体会到“一着不慎，满盘皆输”的道理。

人生似一条曲线，起点和终点是无可选择的，而起点和终点之间充满着无数个选择的机会。在这个很精彩也很复杂的世界里，无论是强者还是弱者，无论是成功者还是失败者，无论是大人物还是小人物，他们之间最重要的区别就是对人生之路选择的差别。前者选择了一条布满荆棘、充满风险却能使人生放射华光异彩的道路，而后者则选择了一条平坦却是平庸的道路。

选择需要好的眼光，更需要好的心态，让我们一起为做一个乐观的人，选择一种积极的生活而努力。

对生活充满好奇，对工作永葆新鲜

拿破仑·希尔说："人生的最大生活价值，就是对工作有兴趣。"做同一件事，有人觉得做得有意义，有人觉得做得没意义，其中有天壤之别。做不感兴趣的事所感觉的痛苦，仿佛置身在地狱中。做事情觉得非常愉快的人并不多，每个人对工作的好恶不同，假使能把工作趣味化、艺术化、兴趣化，就可以把工作轻松愉快地做好。

有一个美国记者到墨西哥的一个部落采访。这天是个集市日，当地土著人都拿着自己的物产到集市上交易。这位美国记者看见一个老太太在卖柠檬，5 美分一个。老太太的生意显然不太好，一上午也没卖出去几个。这位记者动了恻隐之心，打算把老太太的柠檬全部买下来，以便使她能"高高兴兴地早些回家"。当他把自己的想法告诉老太太的时候，她的话却使他大吃一惊："都卖给你？那我下午卖什么？"

菲力有句话说："必须天天对工作产生新兴趣。"他所指的就是工作要趣味化、兴趣化。人生并不长，因此最好尽量选择适合你兴趣的工作。如果工作合乎你的兴趣，你就不会觉得辛苦。爱迪生曾说："在我的一生中，从未感觉在工作，一切都是对我的安慰……"

不成功人士时常面带一种愠怒厌世的表情。他们不喜欢他们的工作和他们生活的世界，怀疑他们周围的人都是不诚实和愚笨的。他们把一切都看得那么黑暗，并用他们自己对生活的绝望态度和无所寄托的颓丧情绪影响着他们周围的人。

有一位女士，她的能力能胜任并完成每天的工作，但是她无论走到哪里，不是抱怨空调太冷就是抱怨太热。她贬损老板、埋怨工作，她对同事们说，工作是浪费时间。在两年内，她已经失去过5次工作，而仍未从任何她曾为其工作过的人那儿获得有益的经验。

你要找到自己的热情，正如信心和机遇那样。热情全靠自己创造，而不要等他人来燃起你的热情火焰。《从失败到成功的销售经验》一书的作者弗兰克贝特格认为："缺少自身的努力，任何人都无法使你满腔热情；没有自身的努力，任何人都无法使你渴望去达到目标。"热情应该是一种能转变为行动的思想、一种动力，它像螺旋桨一样驱使你达到成功的彼岸，但首先你得有一个决心要达到的目标。热情意味着对自己充满信心，能望见遥远之巅的胜利景色。热情能使你集中自己的全部精力，勇气百倍，也能使你自律自制，修身养性，日臻完善。

奥格·曼狄诺指出：正确的思想，会使任何工作都不再那么讨厌。老板要你对工作感兴趣，他才好赚更多的钱。但是我们何不忘掉老板想要什么，而只是想着：对工作感兴趣，对自己有好处。提醒自己，这样可能使自己从生活中获得加倍的快乐，因为你醒着的时候，约有一半时间要花在工作上。如果在工作中找不到快乐，就绝不可能再在任何地方找到它。不断提醒自己，对自己的工作感兴趣，可以将你的思想从忧虑上移开，而最后，还可能带来晋升和加薪。即使不这样，也可以把疲乏减至最少，并帮助你享受自己的闲暇时光。奥格·曼狄诺强调："生活成功的主要秘诀之一是，每天保持对工作的兴趣，能够有持久的热忱，并能将每一天看得同样重要。"

每一天都从一个"美好的设想"开始

我们无法预知未来，却可以把握现在；我们不知道自己的生命到底有多长，我们却可以安排当下的生活；我们左右不了变化无常的天气，但是我们却可以调整自己的心情。只要每天都给自己一个希望，我们就会拥有一个丰富多彩的人生。

人生本来就是一种快乐，雅人有雅兴，俗人有俗趣，只要每天给自己一个希望，锦衣玉食也好，粗茶淡饭也罢，都能自得其乐。我们将活得生机勃勃，激昂澎湃，哪里还有时间去叹息、去悲哀，将生命浪费在一些无聊的小事上？生命是有限的，但希望是无限的，只要我们不忘每天给自己一个希望，我们就一定能拥有一个丰富多彩的人生。

著名作家梭罗每天早晨的第一件事，是告诉自己一条好消息。然后，他会对自己说，我能活在世间，是多么幸运的事。如果没有出生在世，就无法听到踩在脚底的雪发出的咯吱声，也无法闻到木材燃烧的香味，更不可能看见人们眼中爱的光芒。于是，他每一天都满怀对生命的感激之情。

要成为一个快乐的人，重要的一点是学会将过去的错误、罪恶、过失统统忘记，而往前看。忘记过去的事，努力向着未来的目标前进。

北京海淀区有姐妹俩，都是下岗工人。姐姐大学毕业后到纺织厂工会工作，妹妹高中尚未毕业就顶替母亲进厂当了纺织工。下岗后，姐姐认为自己运气不佳，见人就说："我现在是个失去工作的失败者。"有时碰上合适的工作，也不想去争取。妹妹虽然学识和才干比不上姐姐，但她会转换想法，她常对母亲说："我还年轻，有的是学习的机会，有许多工作等我去选择。"她下岗后当过清洁工，站过柜台，参加过职业培训。后来考进一家大宾馆当实习生，两年后提升为大堂经理。妹妹会转换想法，能用最积极的思考、最乐观的精神来支配和控制自己，成功的大门就必然会向她敞开。

一切事物都有两面性，问题在于我们自己怎样去审视、怎样去选择。面对太阳，你眼前是一片光明；背对太阳，你看到的是自己的阴影。成功是一种心态，心态反过来又能促使一个人成功。

用餐的客人问服务生："明天天气预报如何？"

服务生肯定地说："会是我喜欢的天气。"

客人不解地问："你怎么知道正好是你喜欢的天气？"

服务生回答道："我发现环境不是经常能如我意，所以，我便学习乐观地去面对我所遇到的一切。因此，明天的天气一定是我喜欢的。"

乐观本身就是一种成功，因为它表示你拥有健康的心态，活得快乐潇洒，活得心安理得。

你的态度决定你的心情，影响你的健康，甚至改变你一生的际遇。培养乐观之心，凡事多往好处着想，这是心理健康的前提，也是幸福人生的关键之一。

虽然人生不如意之事很多，不过要使生活变得美好起来，却也不是很难。

一个单位分房子，有两个资历差不多的同事都分到了六楼。因为没有电梯，孩子又小，生活多有不便，而有的比他们资历差的还分到了三、四层的好楼层。其中一位同事身体本来很健康，但因为心里不平衡，不但拿老婆孩子出气，还经常到单位领导那里大吵大闹，搞得上下级关系很紧张，自己也气病了一场；另一位同事本来身体较弱，但心态较好，不但不抱怨，还把爬楼梯当成锻炼身体的好机会，不但自己爬，还带着刚会走路的孩子每天练习爬楼梯，结果坏事变好事，自己的身体好了，小孩的身体也健壮了。

其实，我们内心的平静与我们在生活中所获得的快乐，并不在于我们身处何方，也不在于我们拥有什么，更不在于我们是怎样的一个人，而是在于我们的心灵所达到的境界。在这里，外界的因素与此并无多大的关系。

要过好每一天，就是要把过去到昨天为止所有令你苦恼、悲伤或失败的事，全部都忘掉。最重要的是要过好今天，把握住现在正生存着的生命，并且好好地走下去；如果无法做到这一点的话，我们可能会失去一切。

在生活中，不论你有大本事或小本事，朋友多，路子广，会有种种发迹的机会；还是你拥有爱情，拥有家庭，拥有多彩的故事，你总有一些盼望，会发现一些趣事，甚至某个消息、某个话题、某种现象都能让你兴奋。这兴奋可能太俗，让人瞧不上眼，或根本就不值，但只要是真实快乐的体验就够了。即使是真正遇上不称心的事儿，也别抱着死理，跟自己过不去，这样，你便能从容应付，潇洒地走出困境。即使一时解不开也用不着烦恼，要知道，日子还长着呢！

要得到应先付出，只有给予才能得到快乐

人生在世，没有无回报的付出，也没有无付出的回报，付出的越多，得到的回报越大，获得的快乐也就越多，只想别人给予自己，那么“得到”的源泉终将枯竭。

交换现象出现于人类社会的早期阶段，人们彼此互通有无，进行贸易，这是物质交换。人生儿育女，而子女顺从、听话，这也是一种交换。人们交流感情，进行社交活动，这也是交换。通过我们对交换现象的观察，我们不难得出下列结论：由于彼此的缺乏和平等的原则才使得交换得以实现；双方只有在相互平等的前提下，交换才能更好地发生作用。一旦破坏了这一“看不见的”规则，我们便无法得到对方的东西。

有一个50岁的女人，丈夫去世不久，儿子又坠机身亡，她被悲伤和自怜的感情所包围，久而久之得了忧郁症，甚至产生过自杀的念头，好心的邻居劝她去做些能使别人快乐的事。50岁的她能做些什么呢？她过去喜欢养花，自从丈夫和儿子去世后，花园都荒芜了。她听了邻居的劝告后，开始整修花园，施肥灌水，撒下种子，很快花园里就开出鲜艳的花朵。从此，她每隔几天就将亲手栽培的鲜花送给附近医院里的病人。她给医院里的病人送去了温馨，换来了一声声的感激话，那些美好的话语轻柔地流入她的心田，治愈了她的忧郁症。她还经常收到病愈者寄来的贺年卡、感谢信，这些卡片和信帮助她消除了孤独感，使她重新获得了人生的喜悦。

"爱出者爱返，福往者福来。"给予别人，等于给予自己。我们在给予的时候，就注定有获得的渴求，我们给予他人以爱、同情和鼓励，然而我们本身却并未因为给予而有所减少，反而会由于给予而获得更多。我们把爱、同情、善意给人的愈多，我们所收回的爱、同情和善意也就愈多。正是有了这种渴求才使我们的给予有了动力。天上不会掉下来馅饼，也没有免费的午餐，我们时刻都应牢记这一点。

一颗良好的心、一种爱人的性情，可以说是我们最大的财富。因此，我们在成就别人的同时，并非一定会损伤自己。成功的关键在于，知道什么时候给予，什么时候获得。

一个富翁忧心忡忡地来到教堂祈祷之后，他去请教牧师。"我虽然有了金钱，但我感觉并不幸福，我甚至不知道应该用我的金钱做些什么？它能买来欢乐和幸福吗？"牧师让他站在窗前，看外面的街上，问他看到了什么，富翁说："来来往往的人群，多么美妙啊！"牧师又把一面很大的镜子放在他面前，问他看到了什么，他说："我看到了我自己，我很沉闷。"牧师道："是啊，窗户和镜子都是玻璃制作的，不同的是镜子下镀了一层银粉。单纯的玻璃让你看到了别人，也看到了美丽的世界，没有什么阻拦你的视线，而镀上银粉的玻璃只能让你看到你自己，是金钱阻拦了你心灵的眼睛，你守着你的财富，像守着一个封闭的世界。"

富翁得到了启示，就尽可能地去资助那些困难的人，把自己的仁爱带给他人；而得到帮助的人则用无尽的感激和祝福报答他。富翁从中不断地得到欢乐，心情也变得开朗了。

人各有短长，你的朋友、家人甚至陌生人解决不了的问题，可能对于你来说易如反掌，那么何必吝啬一丁点儿的时间和一举手的力气，何不快乐主动地帮助别人呢？帮助别人走出困境，而你自己也享受了给予得到的快乐，何乐而不为呢？如果我们能够时刻尽自己所能去帮助身边需要帮助的人，那么在我们遇到难关的时候，同样也会有人帮助我们。反之，如果在别人需要帮助的时候我们未能伸出援手，那么等到我们需要帮助的时候，就很可能也得不到想要的帮助。

高尔基说："给予，永远比索取愉快。"给予是一种真诚的付出，更是一种无限的快乐。让我们在人生的道路上，心存感恩、热心地帮助每一个需要帮助的人，关爱每一个需要关爱的人，我们会在这种仁爱而无私的给予中，得到别人的尊重和敬仰，实现着自己的人生价值，享受着"给予别人，快乐自己"的富足人生。

快乐源于感恩之心

没有谁对我们的帮助是理所当然的，感恩是认定别人帮助的价值，从而达到彼此感情交流的一种有效手段。其实，感恩图报是一种良好的心态，更是一种奉献精神。当你抱有一种感恩的心态生活和工作时，你会生活得更愉快，与人交往更和谐，工作也会更加出色。

古人说得好："滴水之恩，当涌泉相报。"感恩是一种处世哲学，感恩是一种生活态度，它是一种善于发现生活中的感动，并能享受这一感动的思想境界，感恩是生活中的大智慧。英国作家萨克雷说："生活就是一面镜子。你笑，它也笑；你哭，它也哭。"你感恩生活，生活将赐予你灿烂的阳光；你不感恩，最终可能一无所有！每个人都应该有一颗感恩的心，爱自己，也爱别人。

对于生活怀有一颗感恩之心的人，他的心境是平和的，心情也总是很愉快的，即使遇上再大的灾难，也能顺利度过。常怀感恩之心的人，即使遭遇挫折，也会很快战胜挫折，而那些常常抱怨生活的人，他们总是身在福中不知福，即使遇上了福，他们也不认为那就是福，并且无法体会其中的快乐。

小李是一家电脑公司的编程员，一次在工作中遇到一个难题，他的同事主动过来帮助他。同事一句提醒的话使他茅塞顿开，很快就完成了工作。小李对同事表示了他的感谢，并请这位同事喝酒，他说："我非常感谢你在编那个计算机程序上给我的帮助……"

从此，他们的关系变得更近了，小李也因此在工作上获得了很大的成绩。

小李很有感触地说："是一种感恩的心态改变了我的人生。我对周围人给予我的点滴关怀和帮助都怀抱强烈的感恩之情，我竭力要回报他们。结果，我不仅工作得更加愉快，所获帮助也更多，工作也更出色，我很快获得了公司加薪升职的机会。"

所有快乐的人都心怀感恩，不知感恩的人不会快乐，你期望得越多，感恩的心就越少。在期望获得满足的一刹那，我们必须想到那绝不是必然的事，既然如此，感恩之心会增加我们的愉悦，也会使我们快乐。

无论我们正在做什么工作，工作环境是什么样的，周围的人如何看待我们，只要我们还在生活，就应该以一种感恩的心态来对待一切。

有一次，在学术报告结束之际，一位年轻的女记者捷足跃上讲坛，面对这位已在轮椅上生活了30余年的科学巨匠，在表示出深深景仰之余，又不无悲悯地问："霍金先生，卢枷雷病已将你永远固定在轮椅上，你不认为命运让你失去太多了吗？"

这个问题显然有些突兀和尖锐，报告厅内顿时鸦雀无声，一片静寂。霍金的脸庞却依然充满恬静的微笑，他用还能活动的手指，艰难地叩击键盘，于是，随着合成器发出的标准伦敦音，宽大的投影屏上缓慢然而醒目地显示出如下一段文字：

我的手指还能活动，

我的大脑还能思维；

我有终生追求的理想，

有爱我和我爱的亲人和朋友;

对了,我还有一颗感恩的心。

心灵的震颤之后,掌声雷动。人们纷纷拥向台前,簇拥着这位非凡的科学家,向他表示由衷的敬意。

那种对一切人或事都怀有感恩之心的人是品格高尚的人。请不要对自己目前的境遇抱怨,不要对自己所拥有的感到不满。人总是这样,得不到的就是最好的,得到的往往又不肯去珍惜。可是如果哪一天,你手中握住的东西像沙子一样被你不经意地从指缝间滑落,当你懂得珍惜的时候,证明你已失去,这时,后悔已无济于事了。

心存感恩,知足惜福,当我们用感恩的心对待每一件事,服务于他人,用宽容大度、尽职尽责、勤勉工作来证明一切,就会忘掉不愉快,心中充满了美好,积极主动地面对现实,那么你感受的不仅仅是心灵的宁静。一个怀有感恩之心的人,生活也将赋予他们最大的回报。如果我们能用平和、感恩的心态去面对人生,那我们就可以活得很惬意。这时我们也会变得“富裕”,悄然之间,我们会发现得到了很多意想不到的东西。

从自我囚禁的心灵枷锁中走出来

人生经历一些风雨是正常的, 我们应平静地接受生活所给予的各种困难、挫折和失败。如果你自己不泄气,天无绝人之路就是一句真理。“哀莫大于心死”,只要心灵里还有阳光和活力,一切皆有可能。

生活中,每个人的遭遇都是不同的,我们正处于什么样的环境并不重要,重要的是,你在某一个特定的环境中,保持了怎样的心态。有的人在失败后总是自我贬低、自我责备,感觉自己不如别人,他们似乎很愿意暗示自己是一个脆弱的、毫无竞争能力的人。因此，当他们面临新的挑战、新的工作，或新的环境，就会茫然失措、无所适从。失败的恐惧会深深纠缠着他们的内心，使其无法摆脱。

在许多人看来，要么失败，要么成功，既然失败了，那就不会成功。而事实上，事情的结局并不能做“要么成功、要么失败”的简单划分。介于“失败”和“成功”之间的情况是无穷无尽的，在“我失败了三次”和“我是个失败者”之间有天壤之别。而且，心理上的失败也不等于实际上的失败。有的时候，心理上感到失败了，而实际上他正在前进过程之中。而一个人只要心理上不屈服，他就没有真正失败。

一位心理医生曾接待过一位患者，他是一名建筑工人，干这一行已经有许多年，很多林立的高楼大厦都曾留下过他的身影。但是他却没有任何成就感，相反，他很讨厌自己，有时甚至想从建筑工地的高楼上跳下去一死了之。

为了帮助他，医生询问了他过去的生活。他说，他这一生总有摆脱不了的烦恼。小时候上学，老师说他傻，是一块废料。他忘不了那句话，从那以后，他一直自卑，学习成绩一落千丈，好几门功课不及格，最后终于逃学了。从此，他认为自己就是失败者。“你应该这样对待自己，”医生说，“你失败过，但是你为什么不能有失败呢？每个人都曾经有过失败，但你看到失败的同时，也应该看到成功。摆脱过去，看一看自己已经取得的成绩：这些年来，你工作稳定，已成为一个有用的人；你结了婚，有了孩子，而且孩子们都快长大成人了；你的女儿又上了大学，学习成绩也相当不错。你用自己的辛勤劳动支持他们，并且创造了一个很好的环境让他们健康成长，你想，这不是成功又是什么？”他脸上掠过一丝微笑：“我从来没有这么想过。”“别老记着自己的失败，不要将自己的心囚禁在曾经有过的失败中不能自拔。你已经成功了，多想想这些成功的果实，这样，你才知道什么叫做享受。”

古人云“哀莫大于心死”，每一个伟大的灵魂里都藏着一颗曾经伤痕累累的心，那些曾经叱咤风云的伟人又有哪个没有失败过呢？

其实，平淡和失败也是生活的主要内容，没有失败的生活是不可能的。有失败，才说明生活是有奋斗的，人生才是有意义的。接受失败应该成为人们生活中一项必不可少的内容。因此，人们应该学习接受失败的训练，因为这是生活自身必备的内容，如果不接受生活中的失败，那么，就歪曲了生活的本来面目。人生没有常胜将军，应平静地接受生活所给予的各种困难、挫折和失败。如果你自己不泄气，天无绝人之路就是一句真理。

一支小分队在一次行军中，突然遭到敌人的袭击。混战中，有两位战士冲出了敌人的包围圈，结果却发现进入了沙漠中。走至半途，水喝完了，受伤的战士体力不支，需要休息。

于是，同伴把枪递给他，再三吩咐："枪里还有5颗子弹，我走后，每隔一小时你就对空中鸣放一枪。枪声会指引我前来与你会合。"说完，同伴满怀信心找水去了。躺在沙漠中的战士却满腹狐疑：同伴能找到水吗？能听到枪声吗？会不会丢下自己这个"包袱"独自离去？

夜幕降临的时候，枪里只剩下一颗子弹，而同伴还没有回来。受伤的战士确信同伴早已离去，自己只能等待死亡。想象中，沙漠里秃鹰飞来，狠狠地啄瞎了他的眼睛、啄食他的身体……结果，他彻底崩溃了，把最后一颗子弹送进了自己的太阳穴。枪声响过不久，同伴提着满壶清水，领着一队骆驼商旅赶来，找到了一具尚有余温的尸体……

一个人，当他将自己的目光锁定在一个点上时，这个点会像正在充气的气球一样，越变越大。所以，如果我们的思维总是聚焦于失败、打击或不幸，那么这份失败、打击或不幸的阴影会加倍地存入你的内心，渐渐成为你的负担，久而久之，让你不堪重负。

很多时候，我们只是被心灵所束缚，而并不是我们面对的压力有多大。卸下你的心灵枷锁，你的恶劣情绪便消失了。即使我们面临困境，也不要承认它们有多恶劣，不要在意它的力量有多强大，不要忧虑它们的出现，而将你的注意力转移到别处，这样做了以后，它们恶劣的特性就不复存在了。

要学会宣泄压力和苦闷

现代社会经济发展迅速，竞争日益激烈。高效率、快节奏的生活加剧了人们的紧张与压力，如果来自生活各方面的压力汇到一起，就会把我们逼进死胡同，给我们的身心造成一定的伤害。因此，我们要学会宣泄压力和苦闷，学会轻松自如地生活。

在匆忙紧张的现代社会里，我们很多时候都在负重而行，同事之间的竞争、工作上的困难、事业上的挫折、生活中的种种不如意等，都让我们饱受压力，害怕被淘汰，精神总会感到特别紧张。

这些麻烦单个看起来并没有什么，可是日积月累，就会对自己的身心健康产生非常大的破坏作用。有人做过这样一项试验，他让 50 个人记下他们在一年之中遇到的日常麻烦，并按时检查身体。试验结果显示，日常麻烦的频率越高的人，他们的身体和心理的健康状况也就越差。

只要生活还在继续，就没有一个轻松自在的世外桃源可以让我们躲避。人生于世，不承受压力是不可能的，但是我们完全可以换一个角度看待压力，从而把压力的包袱从心里卸下来。

压力并不意味着全是坏事，我们肩上的压力越大，说明我们人生的收获就越大，因为我们从这个世界不断捡起我们想要的东西，所以我们肩上的压力才会越来越大，如果你明白了这个道理，你还会抱怨压力吗?

有位年轻人感觉生活太沉重了，自己已经无力承受，于是他便去请教智者，让他帮助自己寻找解脱的办法。智者什么话也没说，只是让他把一个背篓背在肩上，然后指着一条沙砾路说："你每往前走一步，就捡一块石头扔进背篓，看看是什么感觉。"

停了一会儿，年轻人走到了尽头，智者问他有什么感觉。年轻人说感觉肩上的背篓越来越重。

智者说："我们每个人来到这个世上，肩上都背着一个空篓子，在人生的路上，我们每走一步，就要从这个世界上捡一样东西放进背篓，所以我们才会感到生活得越来越累。"

这时，年轻人就问智者："有什么方法可以把这种负担减轻吗？"

智者问："你愿意把工作、家庭、爱情、友谊和生活中的哪一样取出来扔掉呢？"

年轻人沉默不语，因为，他觉得他哪一个都不愿意扔掉。

这时，智者微笑着说："如果你觉得生活沉重，那说明你已经拥有了全面的生活，你应该感到庆幸。假如你失去其中的任何一种，你的生活都会变得不完整，这样你愿意吗？你应该为自己不是总统而庆幸，因为他肩上的背篓比你的又大又重，但是，他可以把其中的任何一样拿出来吗？"

年轻人终于明白了生活的道理，他认真地点了点头，并且露出了开心的笑容，好像突然明白了很多道理，心里感到非常轻松。

生活中的压力是无法消除的，你越感到压力的沉重，说明你的生活越丰富，你所拥有的生命越厚重，你的人生就越有意义。背负压力，负重而行，虽然是一件很痛苦的事情，可是，没有负重而行就难以体会到无负重的轻松愉快。同时，没有负重而行，就不会有什么责任，也就无所谓克服困难而取得成就，自然更不可能体会到上坡之后那种如释重负的快感。没有负重的生命不是完整的生命，没有负重的人生不是圆满的人生。

当你不那么讨厌压力，不再把它当成一回事儿的时候，再进行自我调节就容易多了。

运动是缓和焦虑、减轻压力的最直接、最有效的方法之一。消耗体力是人类最自然的发泄方式，人在运动之后，身体可以恢复到正常的平衡状态，郁闷的情绪能得到宣泄，精神也得到了放松。

与家人、朋友的共处也是一种很好的减压方法。谈论一些轻松的话题，可以把你的工作和生活截然分开，让你充分享受自然的幸福生活。

除此之外，我们还要适当地学会"诉苦"，减轻心中的郁闷。人们在工作中和生活中所遇到的压力是各种各样的。减轻这些压力有一个通用的方法，这就是"诉苦"。每当自己感到有压力时，不妨找自己的好朋友倾诉一下。如果一时找不到合适的朋友听自己倾诉，自己对自己倾诉对减轻压力也是有帮助的。有不少人认为向别人倾诉自己的苦处是一种懦弱的表现，实际上，倾诉内心的郁闷是一种科学的心理排遣方式，与勇敢与否没有任何联系。

很多人都习惯把麻烦问题放在一边，等着以后解决，其实，这是一个非常不好的习惯。假如你发现自己有这样的倾向，就要赶快改掉这个坏习惯，不管什么问题，都要学会果断敏捷地做出决定。问题不管拖多久都还是要解决的，有时候拖得越久，问题反而会变得越复杂，问题都是越早解决越好的。不管现在面临的问题有多么严重，你都要慎重地权衡，把各个方面都顾虑到，然后做出比较明智的决定。敢于面对问题、面对压力的人才有希望取得真正意义上的成功。

第十三章

【高调的人脉】

事业的成功有赖于你如何广结善缘

对“脉”的阐释，可见于山脉、水脉、矿脉等等。而人脉则是指人际交往的脉络。对山脉、水脉、矿脉的精心选择，可以使这些资源得到有效充分地利用，而人脉的构建和优化也具有同样的意义。所以，请好好珍惜已经建立起来的人脉关系，因为这几年你认识的朋友可能会是你将来最宝贵的财富。

是亲三分向，亲戚是人脉的基本因子

随着社会的发展，人口流动的增多，“亲戚”这种人脉关系几乎要淡出人们的视野。很多人，尤其是年轻人，他们注重的是与上司、同事、同学、朋友的来往，而对于那些掰扯不清的亲戚关系很不屑。是的，亲戚不是老板，无关于职位薪水，亲戚也不是朋友，彼此间兴趣相投、志向相同，做什么都没有隔阂。但是亲戚也有亲戚的好处，比如说，你辞职了、跳槽了，老板同事也都要跟着换批新的；朋友间也可能因为某种口角、利益闹翻了，于是朋友也就成了路人。但亲戚呢？因为有血缘或者亲缘在，它的存在就异常稳定，虽然亲戚可以走动稀疏，但不管怎么说，关系还是不变的。

所以说，亲戚这种特定的关系决定了彼此之间联系的紧密性，这是我们人脉资源中的重要一环。当你遇到困难时，找亲戚相助，是一条切实可行的路子。这是因为第一，你和他的关系很稳固，不至于今天帮你，明天就跑没影了，他也愿意与你互通有无，积累人脉的种子；第二，说到亲戚，那么它很可能是一个把几家人、几代人联系起来的一个圈子，在这个圈子里，谁和谁都熟悉，那些有“本事”的人，是很注意自己的形象和大家的看法的，能帮忙的地方不帮，在一大圈儿亲戚眼里就是冷血无情的人；第三，即使你和一位亲戚的关系很远，但中间必然会隔着你和他都熟悉的人，不看僧面看佛面，他总不至于谁的面子都不认。

“走”好亲戚，是我们经营人脉关系的一项重要任务，但必须注意的是，亲戚关系又是一种比较复杂的关系，主要表现在亲戚之间存在着多种差异，比如经济的、地位的、地域的、性格的等等。这些差异既可能成为彼此交往的理由，也可能成为产生矛盾的原因。因此，亲戚关系和其他关系一样，在交往中也存在一定的规律，如果遵循这些规律办事，彼此的关系就会越来越亲密；反之，违背了这些规律，亲戚之间也是会互相得罪的。那么，亲戚之间在互相交往、互相求助中应注意些什么问题，才能使彼此关系更融洽，更牢固呢？

1.经济往来要清楚，不要弄成一笔糊涂账

在求助过程中，为了经济利益问题而得罪人，在亲戚之间是屡见不鲜的。比如亲戚之间的借钱借物等财物往来是常有的事。有时是为了救急，有时是为了帮助，有的就是赠送，虽然情况不同，但都体现了亲戚之间的特殊关系，把这种财物往来当成表达自己心意和特殊感情的方式。作为受益的一方，在道义上对亲戚的慷慨行为给以由衷的感谢和赞扬是必要的。如果把这种支持和帮助看得理所应该，不做一点儿表示的话，对方就会感到不满意，而影响彼此的关系。另一方面，对于需要归还的钱物，同样是不能含糊的。这是因为亲戚之间也有各自的利益，一般情况下应把感情与财物分清楚，不能混为一谈。只要不是对方明言赠送的，所借的钱物就要按时归还。有的人不注意这个问题，他们以为亲戚的钱物用了就用了，对方是不会计较的。如果等到亲戚提出来时，那就难堪了。对于来自亲戚的帮助要注意给予回报，这既是加深友谊的需要，也是报答对方帮助的必要表示。如果忽视了这种回报，同样会得罪人。总之，亲戚之间的钱物往来，既可以成为密切感情的因素，也可能成为造成矛盾的祸根，就看你如何处理了。

2.不要居高临下或强人所难

亲戚之间虽有辈分的不同，但是，也应当相互尊重、平等对待。特别是在彼此之间有地位、职务的差异的情况下，更应如此。常言说："穷在闹市无人问，富在深山有远亲。"这就是说，就亲戚而言，财大的、地位高的人对于比不上他们的亲戚是很有吸引力的。地位低的人总是希望从地位高的一方那里得到一些帮助，同时在他们提出自己的请求时，又怀有极强的自尊心。在这种情况下，如果地位高的一方对来求助的亲戚表示出不欢迎的态度，那就很容易伤害对方的自尊。

3.不要一厢情愿、为所欲为

亲戚之间由于彼此关系有远近之分，有密切程度上的差别，因此，在相处中要注意把握适当的分寸。“亲戚越走越亲”，是一般原则。但是，看你如何走法，这里面也是有一定技巧的。过去走亲戚可以在亲戚家住上一年半载，而现在就有很多的不便。大家都有工作，都有自己的生活习惯，住的时间过长，很多矛盾就会暴露出来。还有的人到亲戚家做客不是客随主便，而是任自己的性子来，这就给主人带来很多的麻烦，也容易造成矛盾。比如，有的人有睡懒觉的习惯，每天要睡到太阳升起来才起床，他们到亲戚家也不改自己的毛病。主人要照顾他，又要上班，时间长了就会影响主人的工作和生活的正常秩序，进而影响彼此的关系。还有的人不讲卫生，到了亲戚家里，烟头到处扔。如果时间不长，人家还可以忍耐克制，如果日子长了，矛盾就会暴露出来。因此，在亲戚交往中也有一个优化自己的行为方式的问题，如果方式不当，同样会得罪人。

总而言之，与亲戚相处，重要的是把握好其中的度，既不能把亲戚之间的交往看成“老土”而疏于往来，也不能完全把亲戚当成家人，由着自己的性子做事。好亲戚是“走”出来的，如何“走”亲戚也是一门学问。

同学关系是母校随毕业证书一起奉送的礼物

自古以来，同窗之谊是公认的、牢靠稳固的关系。翻开相册，那些熟悉的面孔是不是让你倍感温馨？在毕业典礼结束时，你是不是也曾忘情地洒下了一把“纯情泪”呢？就是因为你和同学曾经促膝常谈、曾经为共同的理想而热血澎湃，彼此间知根知底，情感纯洁而真挚，因而，同学其实是你一笔宝贵的人脉资源。千万不要因为你疏于交往而白白浪费这么大一笔财富。

想想看，你一生中有多少个同学？如果好好地利用这些资源，你又何愁没有人脉呢？更何况，就算有些同学许久不曾联系，但是，那种情感依然能穿越时空，从而轻易地抹去时空造成的隔阂。这比你在完全陌生的人群中苦苦地积累人脉，恐怕要容易得多。

同学关系这条线的影响力，绝对比你想象中的还要大。同学人脉不仅仅局限于时间较长的小学、中学、大学的同学关系，并且随着人们现代交际意识的提高，各种各样的短期培训班甚至各种会议中，都蕴含着十分丰富的人脉关系资源。我们经历过小学、初中、高中、大学甚至读研究生、读博，留学等，因此就有了各个阶段的同学人脉。同学人脉在社会关系中也起到越来越重要的作用。很多同学在社会中担当不同的角色：有的在政府部门、有的经商、有的在企业等等，我们自然也就有了一个庞大的同学网。尽管社会越来越商业化，但是同学之间的友谊还是比较稳定牢固的，同学人脉可以在生活上、工作中、事业上起到不同的作用。

让同学关系成为自己人脉中最为重要的一条线之一，就是起点稳固、发展势头良好，但是这也和其他的人脉关系一样，离不开你精心的经营与维护。许多人虽然也怀念校园时代的美好光阴，但是，却也会因为同学间偶尔的聚会而苦恼，害怕同学间有意或无意的攀比会伤害自己的自尊心。事实上，如果你有心，同学聚会会是一个很好的积累人脉的平台，而且很有可能成为你改变现状的契机。同学聚会往往是大家重新认识彼此的最佳时期。出了校园后，同学在哪些领域工作，取得哪些建树，有哪些人能成为改变你现状的新发现……积极主动地参加同学间的正式或非正式的聚会吧，不要因为你现在过得不怎么风光而逃避这种聚会。原则上，只要拥有进取心、且正在奋斗中态度积极的人即可。即使对方在学生时期与你交往平淡亦无妨，你必须主动地加深与其交往的程度。

此外，不论本身所属的行业领域如何，应与最易联络的同学（初中、高中、大学等）建立关系。然后，从这里扩大交往范围。不妨多运用同学身边的人脉资源，来为自己的成功找到助力。

有一个地方，区委书记、外经委主任、建行行长 3 人是公认的“同学”，酒桌上到处都这么说，3 人相互之间也这般介绍，大家信以为真。若干年后，在一次闲聊中，大家才知道他们原本并不相识，区委书记和外经委主任是差了 5 届的校友，而建行行长则是他们邻校的学生，当年唯一的一点儿联系，也不过是翻墙到邻友那里参加过露天舞会。上学的时间和地点都不同，还能普遍被当做“老同学”，这就是关系学的学问了。事实上，恰恰是不成文的关系网惯例，将他们算在了“同学”账上。

校友与同学相似而不同。同学原本相互相识，有交往基础。称校友的，读书时虽然在一个学校，但不在一个班一个年级，或者根本不在同一时期上学，大多不认识，或者不熟悉，这就比同学关系浅。尽管浅，关系学的技术体系同样有办法套近乎、促交往，最后弄得校友比同学亲热也有可能。原本不熟悉的校友，变成熟的、亲热的校友，重要在于两人的生活进入同一圈子，客观地产生通过人际关系渠道相互帮忙的需要。校友身份，被关系网充作一个可供拓展的关系资源，这是它的潜在价值。

对于校友而言，相互之间提携的作用不可小视，同学在人脉网络中的地位也相当可观。在我国法律界有一个著名的“西政现象”，便恰如其分地说明了同学这种人脉资源的作用。西南政法大学的毕业生遍布中国的司法实务界和学术界，现在的西政学生经常不经意地在闲聊时说上一句：“最高法院中有一半人都是从西政出来的。”正是因为同学之间的互相推荐和联系，使得多数人能够走上成功的道路。

现在的人们也已经充分地认识到了同学是一种最重要的人脉资源，在校的忙着建立关系，工作的人也纷纷回归学校参与各种培训，有的学校甚至在招生简章中就直接声明经过培训，将会得到更广阔的人脉网络，来把它作为吸引生源的一种方式。

同学资源是最值得珍惜的人脉资源，如果你能够有效地加以运用，那么每个同学都可能成为你生命中的贵人，助你走向成功之路。

“同乡”都是“论”出来的

当今社会人口的流动性很大，许多人离开家乡，到异地去求职谋生。身在陌生的环境里，拓展人脉资源有一定的难度，那就不妨从同乡关系入手，打开局面。

中国人有着强烈的乡土观念，其表现之一就是对同乡人有一种天生的热情，尤其是到外地上学或谋生之时，这种同乡感情就愈发强烈。“亲不亲，故乡人”，这种同乡观念，有一定的凝聚力，它在“对外”上要保持一致性，对内互相提携、互相帮助。

既然同乡观念在人们头脑中根深蒂固，足以影响一个人的思想感情和人脉资源，那么我们在日常交往中就不可忽视它。最起码可以为你在有求于人时提供一条“跑关系”的线索。对于同乡关系，只要不搞歪门邪道、没到“结党营私”的程度，则完全是可以用的。

张先生原是河南人，解放战争时期，由于兵荒马乱，他跟着父母逃荒到东北，而后就在吉林定居下来。

改革开放以后，张先生创办了一个工厂，经过几年的奋斗与拼搏，成为全国同行业的佼佼者，个人资产过亿。张先生现在年龄也大了，很有一种叶落归根的想法，但苦于时间太忙，无法回去。

这时，张先生的家乡为了创办当地特产加工厂，需要一笔不小的资金，当地政府多方筹措，才筹到了总数的1/3，于是就派出冯女士去找张先生，希望能得到援助。

冯女士是政府对外联络办的，为人聪明，善于交际。她看了张先生的详细资料后，就判断张先生这时也很有回家乡投资的意向。因此，在没有任何人员的陪同，也没有准备任何礼品的情况下，独自一人前往吉林，并且打保票定会筹到款项。

张先生听到家乡来人时，在欣喜之余也感到有些惊讶，因为许久不闻家乡的信息，突然有人来了，该不会是招摇撞骗之人吧？但出于礼节，他还是同冯女士见了面。冯女士一见张先生这种神情，知道他还未完全相信自己，于是她谈起了家乡的话题，她那生动的语言，特别是那浓浓的故土之情溢于言表，令张先生深受感动，也将他带回童年时期，想起了那时的家乡、那时的邻里亲戚……蕴藏在心中的那份几十年的感情全部流露了出来，欲罢不能。

就这样，说了3个多小时的话，冯女士筹款一事，一字未提，只是与张先生回忆了家乡的变迁，犹如放电影一般。最后，张先生不但主动提出要为家乡捐款一事，还答允了与家乡合资办厂的要求。

冯女士确实很聪明，她抓住了张先生心中那份埋藏了几十年的思乡之情，与张先生聊了一个彼此都非常感兴趣、轻松的话题，引起了共鸣，不但使她此行的目的圆满完成了，还了却了张先生那份心愿。这种关系的处理方法，很关键的就是抓住了“情”这一字。只谈乡情不说实事，但是功到自然成。

有些人会困惑于自己的同乡资源少，用来经营关系显然有点儿不够，其实，如果你把心思放在“乡情”二字上，可以发掘出来的感情就源源而来。

高悦原本是学中文的，但进了公司以后一直搞销售，业绩一向不错。同事们都说她有天然的亲和力，用不了多长时间，和新客户就处成了老朋友。

高悦有个小秘密，那就是她总是可以和客户套上“同乡”关系。高悦的父亲是江西人，母亲是上海人，她本人也是在上海出生的，这两个地方出来的人，自然是她名正言顺的同乡。北京嘛，那是高悦上大学的地方，当年她又爱四处逛，胡同的照片都拍了不少，侃起来自然也头头是道。如今高悦的工作有调整，从上海本部被派驻武汉，那里也就成了她的大本营，自己从此也以半个湖北人自命了。

在交际场合，人们“套同乡”，找的就是一种“认同感”，如果你可以很自然地谈起他所熟悉的风土人情，那么你们就有了一种自己人的感觉。以后再谈及什么正事、实事，这就是良好的润滑剂。

人们对于同乡的情感都是发自肺腑的，因为同乡的关系大都具有人文情感和地域情感的双重特点，一个村子的人，到了镇里就成了同乡；一个县里的人到了省里，也成了同乡；一个省的人到了首都便成为了同乡；而一个国家的人到了国外就更是同乡了。同乡与同乡的联系，在地域，更在于感情，如果你对一个地方的熟悉和喜爱溢于言表，就等于是对那个地方出来的人的尊重与肯定，这时候，他就不会计较你说是父母的家乡还是你曾经生活过的地方了，他会把你当成实实在在的“老乡”去相处。

同乡资源的亲切感是任何资源无法替代的，所以好好把握这份难得的资源吧，这必定会让你的人脉网络获益匪浅。

别忽略与你偶然相遇的贵人

生活在某些方面就像是一场比赛，只有了解并吃透比赛规则的人才能打得最好，赢得比赛。而这个人生的哲理是这样的：用对的理由，认识对的人。如果你能善用这层关系，你的人生将会出现质的飞跃。

各种俱乐部、网球场、联欢会、飞机上……人生到处充斥着这些各式各样的圈子。每个圈子都有它自己的一套自成体系的游戏规则，如果你能融入这些圈子，把你仰慕的对象变成你的朋友，找到一位可以影响你一生的贵人，成功就离你不远了。

艾伦是一家酒吧的驻唱歌手，她与老板签了合同，每个晚上都要去那里唱3首歌。这几天，艾伦发现有一位40岁左右的男人常来酒吧，他的风度气质，都非常的从容淡定，与众不同。在别的歌手唱歌时，那位男士只是静静地喝酒，但只要是艾伦上台，他就听得非常专注。艾伦对他印象深刻。

有一天，艾伦在唱完一支歌休息的时候，走近那位男士的桌前，举起手中的酒杯，微笑着对眼前的男人说："先生，谢谢你为我这个无名小卒捧场，我敬你一杯。"

"小姐，你的歌声很有感染力，受过专业训练吗？"

艾伦坐下来，把自己的经历简单地说了一遍。原来，艾伦从小喜欢唱歌，为了实现自己的梦想，她离开家乡到这个城市寻找机会，为了生计，她只好先在酒吧打工挣钱。

这时，那个男人的手机响了起来，他掏出一张名片，对艾伦说："小姐，这是我的名片，明天你到这个地址找我，我们好好谈一谈。"说罢便急忙地走了。

艾伦看到名片上的名字，吃惊不小，原来，这位男士就是那个她素来仰慕的音乐制作人，许多歌手都是从他那里走出来的。

有许多人总是以为自己怀才不遇，这里面当然也有客观的原因，然而因为自己的自卑和退缩而错过机会的，也不在少数。如果你想在某个方面寻找突破口，有人拉一把肯定比你在黑暗中独自摸索强得多。在面对那些强有力的人物或者你还不能摸清他来头的人时，不必先有畏惧之心，他们也是人，也需要别人的支持与合作。你可以这样想：面对任何一个人生的转折点，我都要试一次，成了，我的生活将会从此进入一个新的境界；不成，就当是一次练兵吧，反正我也没有什么损失。

2006年8月18日，李伟创办的思念食品公司在新加坡证交所主板正式挂牌。这是中国速冻食品行业首家在海外上市的企业。

1990年，郑州大学新闻系毕业的李伟踌躇满志地做过公务员、记者，几年之后，辞职下海。先后卖过芝麻糊、开过电子游戏厅、做过苹果牌牛仔裤的代理商。他说："我对经营新项目有着特殊爱好。"

1996年，李伟才真正找到一个发展的契机。当时联合利华生产的和路雪冰淇淋开始在北京、上海、广州等大城市畅销，百乐宝、可爱多、梦龙、千层雪等冰淇淋一支卖到4元左右，利润空间非常大。"要是能做和路雪的河南总经销就好了。"这就是当时李伟最想做的事情。没想到，这一简单的想法给他后来的发展带来了莫大的商机。

由于当时和路雪刚进入中国市场，仅在一线城市销售，像郑州这样的二线城市根本不在联合利华的考虑之列，因此，当李伟跑到和路雪设在北京的总部要求做河南总经销时，对方根本不予理睬。

固执的李伟没有气馁，先后到北京跑了不下10次，对方被李伟锲而不舍的诚意所感动，和路雪公司开始对郑州市场进行评估和考察。

在对方到郑州进行最后一次考察时，李伟从朋友那里借了2000元钱，在郑州最高档的酒店请对方吃饭，甚至不惜投其所好，和一帮哥们儿在餐桌上绞尽脑汁地跟对方大侃足球，结果对方心花怒放，当场决定让李伟"试试"。

这一"试"就一发不可收拾。李伟不仅通过经销和路雪积累了一笔可观的财富，也给他后来进入速冻食品行业提供了条件。当时和路雪在河南给李伟配备了5辆冷冻车，并建造了上千立方米的冷库，这都是他后来涉足冷冻食品行业、创建"思念"品牌的重要基础。

在许多人生的转折点上，贵人离你也许很远，又也许很近，关键在于你能不能调整好自己的步调，成功地进入一个新的圈子。

第一步，必须调整你自己的心态。与别人建立互惠互利的双赢关系不会使你愉快吗？提升自己的业绩不能让你高兴吗？赚更多的钱不令你兴奋吗？

……看吧，有这么多让你高兴的理由，为什么还不去做呢？

第二步，找到圈子里的核心人物。每个圈子里一般都有一个核心人物，他是这个圈子中的资深人士，圈子里的其他人熟悉他，并且信任他，他几乎认识这个圈子里的每个人。他对你的作用之大，超出你的想象。

第三步，接近核心人物。接近核心人物并不是那么容易的，他们往往被层层“包围”，你的面前有他们的“守门人”或者其他什么阻碍，你必须能够破除这些阻碍，想方设法打通渠道与他们接触。

第四步，和这些核心人物会面。和他们会面时，你应该把谈话的焦点集中在他或者他的业务上。因为这些人大多事业有成，往往以自我为中心的倾向严重，他们会更愿意谈论自己和自己的事业。所以在与他们会面时，投其所好是要牢记的，尽量给他们留下一个深刻的印象。让对方产生“认识你、喜欢你、信任你”的感觉。

第五步，与这些核心人物会谈后，你应该适时地给他发一封感谢信。不妨制作一些独特的卡片，印上你公司的名称和标志，你的照片、姓名、地址（E-mail）和电话号码。这样就有助于使对方回想起你的音容笑貌，加深对你的印象。

第六步，让他帮你进入他的圈子。经过上述步骤，你已经成功地和这个核心人物建立起了亲密的关系。他喜欢你并且信任你，他们同样也希望你成功，帮你拓展业务。

这时，你绝不能说：“你认不认识什么人能够从我的服务中受益？”这类的语言，因为你给他划的范围太大了，他们往往会无从选择。你应该做的是帮他从他的圈子中分离出有限的几个人，比如：他的球友、牌友等。利用这种方法，你就能成功地打入你想要进入的圈子，不过这些都是需要你下工夫才能办到的，需要你投入大量的心血，你不仅要努力为自己着想，同时还要努力为他着想。

跟定有能力引荐你"进步"的人

当今的社会讲究实力，也讲究关系和缘分。当某个人受了他人的提携和帮助时，他的成功就可以来得更快一些，更顺利一些。

有句话说"七分努力，三分机运"。我们一直相信"爱拼才会赢"，但往往有些人即使拼了也不见得赢，关键就在于缺少贵人相助。在攀向事业高峰的过程中，贵人相助往往是不可缺少的一环，有了贵人，不仅能替你加分，还会增加你的筹码。

清代末年，仕途冗滥，升迁很难。以一个农家子弟而出将入相的曾国藩升迁得如此之快，首先是他掌握了真才实学。其次，曾国藩在京师的发迹，就得力于老师穆彰阿相助的机遇。穆彰阿在位的20年，始终是朝廷红人，他的门生、旧吏遍布朝廷内外，知名之士多被他援引，一时被人们称之为"穆党"。

曾国藩戊戌年会考得中，主考官即为穆彰阿，于是二人便有了师生的友谊，曾国藩抓此机遇经常与之往来。由于他勤奋好学，颇有几分才干，对穆彰阿经常以求学的身份向其请教，实际是以此接近穆彰阿。因此，他也深得穆彰阿的器重和赏识，处处受其关照。

在一些野史传记之中，对曾国藩官运的转机做过生动的描述：一天，曾国藩忽然接到次日召见的谕旨，遂连夜到穆彰阿家暂歇。第二天被带到皇宫某处，环顾四周，并未发现平日等候召见的地方，无奈白白地等了半天，只好又回到穆府，准备次日再去。晚上，穆彰阿问曾国藩白天被带去的地方所悬的字幅是什么，曾国藩答不上来，穆怅然道："机缘可惜。"

于是穆彰阿想了很久，然后召来自己的仆从对他说："你立即将银400两交给某内监，嘱他将某处壁间字幅连夜抄录。"当天夜里，仆从将太监抄录的壁间字幅送给穆彰阿。穆彰阿令曾国藩熟记于心。次日入宫朝见皇帝，则皇帝所问皆壁间所悬历朝圣训。曾国藩由于事先下了工夫，所以对答如流，大受赏识。

在各种职场关系中，最重要的莫过于与上司的关系了，上司从某种程度上说决定你的沉浮升迁，前途命运。身为职场中的人，应该认识到和上司的谈话艺术和技巧的重要性。单靠熟练的技能和辛勤的工作就能在职场上出人头地的想法，已经显得幼稚和不合时宜了。

问题的难点是，我们要如何顺利走进上司的视野，而又不被一些人指责为“别有用心”呢？

小余是新分到单位的大学毕业生，她总认为自己口才不行，在单位里不知道怎样和领导交流，见了领导就没话说。她的上司快40岁了，而她才26岁，她觉得真不知和领导说些什么好。

其实，领导对她还是蛮信任的，把重要的东西都交给她管，但她总是苦于不知如何与领导好好相处。与领导距离太远，领导看不到自己的工作成绩，不会重用自己；而与领导距离近了，各式的风言风语也就随之而来了：

“拍马屁！”

“这么做，多没有骨气啊！”

“人家放得下面子嘛！”

小余为此苦恼不已。她深感自己不会与人打交道，尤其是想逃避与领导打交道。偶尔领导找她谈工作时，她感觉身体里紧绷的弦都像不胜紧张的绷带一样。

在这种心情的影响下，她的表现当然不会太好，不是嗫嗫嚅嚅就是语无伦次。领导的职责重、事情多，当然不会太多关注一个并不出色的下属，时间一长，小余就成了单位里可有可无的人了。

在现实生活中，很多人工作兢兢业业、埋头苦干，但不善于用语言展示自己。这样，尽管他们很本分地工作，实事求是地说，也做出了很大的成绩，但对一个管理很多下属的上司来说，他们实际做出的成绩却很容易被遗忘。更糟糕的是，上司可能还会觉得“不知他们在想些什么，真是摸不透的人”。由此，不但自己吃亏，同时也让上司感到为难。

当然，才干加上超时的加班固然很重要，但懂得与上司交流、和谐相处，在关键时刻说适当的话，也是成功与否的决定性因素。职场中的人卓越的说话技巧会给自己带来很多好处，譬如给重要人物留下好印象、避免麻烦事儿落到自己身上、处理棘手的事务等等，不仅能让你的工作加倍轻松，更能让你名利双收。

现代社会，生活步调加快，每个人的工作和生活都是紧张而繁忙的，谁都没有多少空闲和余力去打听和了解别人做了些什么或正在做什么，以及准备做什么。因此，如果你要想让上司了解你，你就必须抓住适当的时机，将自己的想法和愿望主动地表达出来。

安莉是一家公司新进的员工，她就是利用向上司询问的机会获得了上司的赞赏。

刚进公司没多久，安莉在整理一个展览版的文案时，正好经理进来了，并且在无意中看了一眼电脑里的文档。安莉看见了，马上抓住机会问道：“经理，您看看我写的这个行吗？我是这么想的……”就这样，安莉和经理开始就这个问题展开讨论，使经理了解了她的想法和思路，也看到了她的潜力。

两个月后，安莉就成为了该部门的主管，为她以后的进一步发展奠定了基础。

作为一位聪明的职场中的人，如果想获得更好的晋升机会，不仅要做好工作，而且还要善于掌握靠近上司的一些技巧。你应当善于也要勇于向上司推销自己，力求脱颖而出。当然，在你推荐自己的时候一定要含蓄一些，运用迂回曲折的方式来表现你的才能，让你的上司能注意到你但是又不自己点破了“天机”。

社交聚会是结识新朋友的最佳场所

社交聚会，比如聚餐或 Party 等，是展现你的社交才能的时候，在这种半正式的场合，你若能够恰到好处地将娱乐与工作结合起来，那么你的人脉网将又往外拓宽了一层，这就是另外一番境界了。

社交聚会有一个最主要的优点，你很可能在这里遇到一个与你志趣相同、能帮你完成任务与目标的人。去会场前，你可以用投资报酬率的方式来评估：参与聚会所建立关系的可能报酬，是否等于或大于与会费用及参与时间？如果是，就去参加；如果不是，就跳过，就这么简单。这种观点或许过于现实，但确实很有效。

很多人认为，参加这种社交聚会不过是让人尽情地纵情享乐，对事业毫无帮助。其实，如果他们能记下自己实际带来收益的项目中，那些直接来自参与聚会所碰到对象的数目，一定会颇为惊讶的。

没有任何地方比社交聚会更适合拓展人脉网络了，有时候甚至还可以谈定生意。那些成功的"社交动物"，总是穿梭在会场中和各色人等安排会面，邀约晚餐，把握机会去认识可以改变自己一生的人。

想从社交聚会中满载而归，也是有迹可循的，你可以从以下几个方面做起：

1.打入主办人的圈子

社交聚会往往需要兼顾许多细节，其中可能发生的混乱正是你伸出援手帮忙的好机会，进而在这个过程中成为主办人中的一员。一旦你成为聚会的局内人，便可以知道谁会参与以及聚会中精彩活动的内容。

如何让自己参与进去？这其实并不难。首先，先查阅资料，造访主办方的网站，找出统筹会议的主要负责人是谁，打电话联系这个人。他们通常工作繁重、饱受压力，你可以在开始前几周便打电话说："我很期待您所主办的这次聚会，我很想帮忙让它更精彩，希望能贡献一些资源，不论是时间、创意或人脉关系都可以，好让聚会能一炮而红，不知道是否有我能效劳的地方。"

2.在聚会中规划另一场社交聚会

一般在社交聚会的场合总是乱成一团，大家注意力分散，每个人都想在嘈杂声中提高音量，礼貌性地和陌生人共同用餐……这并不是适当的交谈场合。

因此，你可以自己办一场小聚会，在聚会前，先在附近寻找到较好的餐厅，并寄出和预定晚宴时间同时举行的私人晚餐邀请函，或是在当天临时邀约。

这是确保你想认识的人可以在同一时间共聚一堂的最佳方式。最好是能邀请一些聚会中的重要人物加入，这会让你自行张罗的场合更显得星光熠熠。

在社交活动中愈积极主导自办的私人小会，就愈能帮其他人拓展人脉，让自己成为众人瞩目的焦点。在晚宴中或会场遇到人时，不要只是介绍自己，也要将见到的人介绍给其他人认识。如果新认识的人没办法马上打开话匣子，你还可以向其中一位提到另一位宾客的相关事迹。

3.和聚会中的重要人物套交情

如果你认识聚会中的那位认得所有在场人士的人，就可以跟着他穿梭于全场，会见场内其他最重要的人物。聚会的主办人、主客都可算是重要的人物。

你要实现找出这些关键人物的愿望，就应在他们之前提早到场，站在主要出入口或签到处附近，上前自我介绍或待在后面，找机会上前认识他们。

和对方套上交情后，就让自己变成"资讯核心"，这是优秀人脉专家的关键角色。如何办到？你必须找出周围的人想知道的资讯，使自己有备而来。这些资讯可能包括业界的八卦、当地最棒的餐厅、私人派对等，让大家知道这些关键资讯，或让其他人知道如何取得这些资讯。当你成为"资讯来源"时，便变成了值得他人认识的对象。

4.创造让人惊喜的“偶遇”

这要求你在偶然撞见目标对象的两三分钟内，邀请对方稍后再碰面聚聚。这种招数需要简洁有力，让人觉得又快又有意义。

偶遇使你很快和对方认识，并搭建起足够的关系，以方便下次再聚、之后又继续各自的活动的一种方式。你参加社交聚会，当然想在有限的时间内认识愈多人愈好。但是要记住，你并不是要在此结交挚友，而是要认识许多的朋友，以方便于后续追踪。

两个人要建立关系，需要你们有某种程度的亲切感。在偶遇的两分钟内，你需要深探对方的双眼和内心，用心倾听，询问商业以外的问题，并透露一些个人资讯，让彼此在互动中流露出些许感悟，这一切组合有助于营造你们之间诚挚的关系。

偶遇的目的就是先让对方喜欢自己，你要把自我推销放到聚会结束后续追踪时才进行。

现在你已经明白了偶遇的重要性，但是要怎样才能找到自己的偶遇目标呢?

每次参加聚会前，最好在口袋内放一张纸，列出自己最想会见的三四位人选，这张纸上除了记下他们的姓名外，最好也包括你们交谈的内容，并记下稍后想如何与对方联系。一旦你遇到并认识某人后，接下来就会发现自己可以在整场聚会上聊个不停了。

最后，千万别忘了后续追踪，它太重要了，一定不能忘记，一定要持续追踪，不能断了联系。

很多社交聚会的主题内容是什么并不重要，重要的是参加的人。成为优秀的社交者就一定要知道自己是为了什么:不是有趣的活动，而是那些参与的人，这才是重点。打一场有准备的仗，将参加者都收进你的人脉网。

善于利用生活中的任何一个契机

千里马如果没有遇到伯乐，那么也只能是在悲伤和不被重视的环境中了此余生。千里马自然不会懂得如何才能让自己出现在伯乐的视线中，但是人却完全能够轻而易举地做到这一点。如果你本身就是一匹千里马的话，你难道甘心让自己的才能淹没在众人平凡的眼光中吗？所以，从现在开始，只要肯努力地寻找并抓住得以展现出你才能的机会，那么你必然会有遇到伯乐的一天。

经营人脉，是一个大的方向，也是一个随时随地进行的任务，就是说要充分利用生活中的任何一个契机，结识你想结识的人。在公共交通工具上，也是一个"交人"的好地方，能建立友谊于你们双方共处的那段美好时光中，你是如何用你的热情感染他的，而不是像很多人想象的在于你们相处时间的长短。

泰国电影《轻轨恋曲》中，女主角年近30，但从没交过男朋友，同样的，她也没使用过任何的公共交通工具。她有自己的车，每天都开着它去上班。直到有一天，她因为事故而将自己的车卖掉，在曼谷轻轨上遇到一位帅气的工程师，开始了他们浪漫的爱情故事……

当然，人们不必为了人脉和爱情而刻意亲近公共交通工具，我们只是想说明一个道理，事实上，除了你的家人和公司的同事外，一个月内你经常碰面的人相信用两只手就能数得清，但是你肯定不止有10位朋友。所以，你就应该知道，维持你们之间关系真正重要的，是你在和他共处时所做的事而不是你们多久才碰一面。有时候，在一个相对封闭的环境中，在看起来就要擦肩而过的人群里，很可能交到对你产生最大影响的朋友。

有一位作家经常需要坐飞机往返于北京与上海两地，因为他时常要与出版商进行有效的沟通，以便能够顺利地将自己的作品出版。但是他的名字还不为人所知，尽管他一再让步，出版商也不想为他的作品承担风险。因为无法得知出版后的成效如何，双方一直处于僵持不下的状态。

这天，作家又要飞往上海了，他必须要参加出版商组织的一个研讨会。可是他无论如何也无法预定到机票，当时正值旅游的旺季，只有一趟航班还有一个头等舱的机票。他摸了摸自己的口袋，狠下心来将这最后的一张机票买到了手。对于他来说，头等舱与普通舱是没有什么区别的，但却要花费掉更多的金钱，所以这也让他觉得十分不舍。

但是当他坐上飞机的那刻，他才发现自己的决定为自己带来了幸运。因为他邻座的女士刚巧是某电台著名的主持人，他掩盖了自己激动的心情，与这位主持人攀谈起来。

当主持人得知他是一名作家的时候，希望能够看一下他的作品。恰恰是这段几个小时的经历，使他再也不用低声下气地去与出版商协调出版的问题了，因为主持人给了他一个很好的建议：将他的作品交给电台的导演，作品中的故事情节就由他来改编成一部电影，这简直让作家欣喜若狂了。

如今，他不再是默默无名的作者了，因为电影的播出立即引起了强烈的反响，而他也成为了有名的编剧。

或许你会说这位作者的经历中有过多的幸运成分，但是若他搭乘的不是头等舱，恐怕还会继续过那种低声下气的生活。由此可见，一个良好的“曝光”机会能够给人带来多大的转机啊！所以不要再去斤斤计较你的付出，机会有时候也是需要自己去争取的。

所以，从今天起，想办法去增加你的“曝光”渠道吧！“公共交通工具”其实只是一个代表性的提法，在很多类似的地方都可以找得到结识贵人的机会。

你是否有过这样的体验？当你和一个人用餐或是一起运动后，会比在办公室里更容易拉近彼此间的距离？因为办公室那样的环境让人拘束，而走出办公室，人自然就会变得轻松起来，更别提吃饭、运动这样的场合了。你会发现，当投入你们共同热爱的事情中时，你才知道自己原来是如此了解对方。

请人吃饭不如请人流汗，这已经是被公认的一个真理了。在健身房里挥汗如雨的你同时也能收获友情和事业，这是多么好的一件事啊！

孙瑞秋是一家证券公司的经理，他是一个运动爱好者，每天早上6点他都会准时去做健身，那里面的其他人也都是和他一样的狂热分子。孙瑞秋经常在那里寻找自己的客户，每次都是他在跑步机上气喘吁吁运动的同时，顺便回答一些别人的投资或证券的问题，就在这一两个小时的运动时光中，他收获的不仅是健康，还有数不清的人脉资源。

其实，你个人的私生活与公开的生活之间并不存在严格的分野，过去的商业观点认为：表达情绪与同情心是人性弱点的体现，但现代社会却认为，上述特征可以让人与人之间的关系更密切。你的人脉网络越宽越厚，你的事业也就越成功。

如果可能，你可以定期向你认识的人或朋友，发送一份关于你个人的电子报。内容可以包括你的事业、你目前正在热衷的新鲜事物、你的家人或者朋友的情况、你的感情生活等方面。相信收到这份电子报的人都会被你的这份热情所感染，而他们也会乐于与你分享他们的生活经历。

凝聚人脉的兴趣要素有很多，美食、运动、集邮、旅行、音乐、电影，等等，这些都是很好的出发点。通常你以最高的热情参与的活动，也就是你最擅长的活动，你大可把自己的精力放在这些领域上，也许就会认识更多的朋友。

博客是一个最近兴起的热点所在。很多人通过博客，发表自己有兴趣的新闻和各类评论，一些人气高的博客会吸引志趣相投的人一起参与，越来越多博客圈的兴起也让人们分享共同的兴趣变得容易了。

你要知道，当你对某些事情充满热情时，这种热情是会感染与你接触的其他人的，它会吸引别人关注和你所热衷的事物，他们也会被这种氛围所同化，热情地回应与参与，乐在其中。

当然，在这些之外，你要记得安排时间与朋友和家人相处，在想方设法拓展人脉网络的同时，千万不要忽视了你生命中最重要的那些关系。

求同存异，打入你不熟悉的圈子

经营人脉也讲究“适者生存”，只有那些能够适应环境的人，才能如鱼得水，永远立于不败之地。是的，在这个世界上还有很多东西是人类无法改变的，但只要我们学会了调整自身的适应能力，就能够创造奇迹。

改变自己是适应社会的一种方法。当生活的境遇不能改变时，我们就要学习改变自己。

唐代诗人王维，他在年轻时就很有名气，他也因此显得十分高傲。

当时，科举考试盛行舞弊作假之风，如果应试之人没有权贵推荐，是很难高中的。因为这个缘故，读书人纷纷找权贵做靠山，千方百计地讨取他们的欢心。王维是个有骨气的人，他认为这样做有失读书人的身份，他还当面对人说：“考试要靠真本事，读书人不能走旁门左道。国家选用人才是大事，如果就这样形同儿戏，对国家是大不利的。”

王维坚持苦学，没有托请，结果第一次考试就落第了。相反，那些有关系的虽不如王维学问好的人，却都高中了。

这件事对王维打击很大，他变得沉默寡言了。这时，王维的朋友对他说：“科举的风气不正，这是不争的事实，你能改变得了吗？你要想高中，就该知道你不中的原因，从而对症下药，着手解决，这样才有希望。你的学识是不差的，关键是你没有结交权贵，补上这一课，中个状元也不是难事。”

王维承认他说的不错，从此放下自尊，出入权贵之家。他不仅诗写得好，而且音乐才能也十分出色，特别是他的弹琵琶绝技，那是无人能比的。

岐王对王维十分赏识，他又把王维介绍给极有权势的公主。在拜见公主之前，有人提醒王维说：“公主爱好音乐，只要你让她高兴了，天大的事都能办到。你一定要卖些气力，千万不要搞砸了。”

王维记在心上，很费了一番脑筋。在拜见公主时，他使出所有的本事，把琵琶弹得动人心弦，格外好听。

公主听完十分高兴，连连叫好。王维趁机又把自己的诗作献上，还恭维说："公主的才能，天下无人不知，有幸得到公主的教导，我即使现在死了，也没有遗憾了。"

公主更加高兴。岐王在旁也替王维美言，求公主帮助王维科举高中。后来，有了公主的关照，王维高中状元，实现了多年的梦想。

环境不如我们的意、看起来并不适合我们的发展时，大多数人都会抱怨，或者想办法改变这些，或是干脆换个环境生活。可是更多时候，我们改变不了环境，甚至也很难换一个真正如意的环境去生活。那么我们该怎么办呢？

很多人觉得自己的人际关系不好、上司不看重自己、同事之间的关系紧张、家庭不和睦，总认为是别人不好，自己全都是对的，总想改变对方。事实上，这不大可能，因为对方也想让你改变，所以到最后双方都没有改变。最好的方法，是在改变对方之前先改变自己，换个角度看待生活、看待事物，不能因为一时处于恶劣的环境中就自暴自弃、止步不前。要知道，环境不是为你我而造的，我们应该学会适应它。与其抱怨社会环境不好，不如换个心态，每一次危机就是一种转机，每一次变化就意味着机会。

其实，有很多事情不是我们本身能够改变的，但是我们可以学着改变自己，慢慢地去适应。改变自己不是要你放弃自己的原则，而是让自己有更多的平台、更多的机会来实现自己的理想。改变自己不是妥协，而是一种以退为进的明智选择。

人们对于自己还没有了解的东西，总有一种天然的抗拒感。这个道理对人也是一样的。觉得讨厌的人，和他交往一段时日后，可能就会发现他的一些优点，从而改变了当初的感觉。我们要在社会中生存，你不喜欢的人有很多，拒绝和他们亲近，他们同样也就没有喜欢你的理由，这会使我们的处境非常艰难，走到哪里都是一片荆棘。所以我们要尽量与人亲善，消除他们在我们心中的坏印象。

“厌恶”并非天生，也非绝对，多半是由于缺乏亲切感而引起的。马戏团里，驯兽员面对一些毒蛇猛兽的时候，最初总是要下意识地躲避，但是与它们熟悉之后，不安与恐惧感便会渐渐消逝。相同的道理，对于讨厌的人，只要不断地接触，当熟悉对方以后，厌恶的感觉便会逐渐消逝。

一个人要想成为生活的强者，就必须适应这个不断变化的大环境——社会，也就是说，我们要想改变生存环境，首先必须顺应生存环境。如果一个人想改变生存环境，却不能顺应环境，那么想改变环境的目的是不可能达到的。

搞定“重要人物”的两个“重要渠道”

关于人脉的重要性，有一句话说得好，“有一位贵人提携，省你十年辛苦。”我们都希望在自己行进途中得贵人一臂之力，但是其中的为难之处是，“贵人”又不是你的亲人故交，他凭什么要为你所用呢？所以说，如何联系贵人，影响贵人，就成了摆在我们面前的问题。

与人相交，求人办事，要学着灵活点，瞄准主要目标，全力以赴，固然很重要，但是对于主要人物周围那些举足轻重的人，也要多花费心思、多沟通，因为那些人有时对你办事会起到意想不到的作用。

宋朝蔡京曾一度被宋徽宗罢相，落到山穷水尽的地步。但是他并不甘心就此退出政治舞台，而是多方活动，以图东山再起。

首先，蔡京暗中嘱托亲信内侍求郑贵妃为己说情，又请深得徽宗信任的郑居中伺机进言。一切妥当之后，蔡京再让自己的党羽直接上书徽宗，大意是为他鸣冤叫屈，说蔡京改变法度，全是秉承圣上的旨意，并非独断专行。现在一切都否定了，恐怕并不是皇帝的本心。

这些意见的要害是把徽宗牵扯了进去。徽宗见表，果然沉吟不语，但也没批复。

这时,郑贵妃发挥枕边作用。她本是识文断字之人,早已看到表中的内容,又见徽宗的这种表情,就顺势替蔡京说了几句好话,徽宗便有些回心转意了。

这时候郑居中出马。郑居中了解内情后知道时机已经成熟,便约了自己的好友礼部侍郎刘正夫,二人先后晋见徽宗。

郑居中先进去向徽宗说道:“陛下即位以来,重视礼乐教育等法,对国家和百姓都很有利,为什么要改弦更张呢?”

一席话只字未提蔡京,只把徽宗的功绩歌颂一番,但暗中褒奖的却是蔡京,因为肯定前段朝政的英明就等于肯定了蔡京的正确。

刘正夫又进去重复补充了一遍,醉翁之意不在酒,徽宗听了心里很舒服,终于转变态度,驱逐刘逵,罢免赵挺之的相位,第二次起用蔡京为相。

蔡京的沟通非常成功。他并没有直接去说服皇上,而是采取了曲线迂回的方式,只是请皇帝身边的人为他说情,结果如愿以偿。日常生活中,你也不妨采用曲线迂回的方式来获取自己想要的东西,也许你会得到一个意外的惊喜。

在这个世界上,每个人、每件事都不是孤立的。比如我们在和某个单位打交道时,只打通了下层,主管者不点头当然于事无补,但直接去和大人物套关系,又要防止来自下面的掣肘,最适宜的方针是自下而上、层层突破。

日本大神机电的邵先生,首次代表日商与上海一家五金公司洽谈中国钨砂的购销业务。此番大神公司沪办派邵先生登门,意在征询试探。他走进这家公司的业务科,见四处胡乱地堆着杂物,办公桌上散着碗筷,有的在看报纸,有的在闲聊,有的在电话里谈私事,却没有一个人接待他。邵先生掏出美国烟散了一圈,才被告知科长不在,继续遭冷落。过了一会儿,一个小伙子有些不好意思了,上前搭话。

邵先生极想通过这个小伙子促成交易,便尽力把涉及双方利益的情况全都说得清清楚楚、详详细细。可小伙子听完后却摇摇手,说自己“做不了主”。邵先生又介绍了促成这笔生意的方法、步骤。小伙子又笑了笑说:“不要讲那么多，生意成不成对你关系很大，对我没有一丝一毫的好处，我不会多拿一分钱的奖金。”

为了等待可以做主的科长回来，邵先生就与小伙子闲谈起来。由电影扯到歌星，邵先生说自己认识香港某著名歌星的经纪人，小伙子立刻来了精神，称赞邵先生“脑子活络”。邵先生拍着胸脯许诺：下午就送几张这个歌星在上海举办演唱会的门票来。这一招使小伙子竟有些眉飞色舞了。

邵先生虽没有搞到歌星演唱票的路子，但讲信用。从五金公司出来，他驱车赶到体育馆门口，高价买了10张黑市票，再折回五金公司业务科。小伙子惊喜了，全科人员也开始重新认识邵先生。于是，热气腾腾的香茶端来了，亲热的脸庞凑近了，并且不再把他当成外人。

邵先生掏出十几只进口打火机分送给各人，请求帮助。业务科的人替邵先生出谋划策了：只要邵先生把日本老板带到公司里来，公司领导就不得不出面接待，到那时大伙帮着说说，再特别强调一下你们商社是我们公司的老关系户，成交就不困难了。

好戏上演了，很简单但很成功。公司头头见到了日本人，表现出极大的热情，双方不到1个小时便拍板成交了。

邵先生经他人之手导演的反客为主，恰好符合中国的国情——倘若只是打通上层，那将面对下面各个环节的困阻，未必办成事情；假如仅仅疏通下层部门，也不一定能与当权者签约，因为下面的人为避嫌而不肯多说话；唯有借助于以内为外、以外为内的角色移位，才能达成交易。

事实上不仅仅是在商场上，在生活中的任何一个场合，这种以点带面、逐步突破的战术都有效。

很多时候，我们某一项事业的成败，只在于某位“贵人”的一句话。如果你和这位“贵人”还没有建立起直接的、亲密的沟通，那么不妨走一下迂回的路线。从他身边人、枕边人的逐渐渗透是一种渠道，从下层入手、层层递进也是一种渠道，通过这两个渠道，你很快就可以看到自己需要的结果。